绿色空中交通管理技术

GREEN AIR TRAFFIC MANAGEMENT TECHNOLOGY

田 勇 万莉莉 叶博嘉 著

科学出版社

北京

内 容 简 介

绿色空中交通管理是航空运输业的现实所需和关键难题，也是我国由"民航大国"迈向"民航强国"的必由之路。本书对绿色空中交通管理技术进行了比较系统全面的介绍，主要内容包括空中交通对环境的影响分析、机场环境容许空中交通量评估方法、面向环境保护的场面运行优化方法、面向环境保护的终端区运行优化方法、面向环境保护的区域运行优化方法。

本书主要面向绿色空中交通管理技术的航空领域的科研工作者，可供高等院校和科研单位相关专业的研究生、科技人员参考。

图书在版编目(CIP)数据

绿色空中交通管理技术/田勇，万莉莉，叶博嘉著. —北京：科学出版社，2017.9

ISBN 978-7-03-054520-6

Ⅰ. ①绿… Ⅱ. ①田… ②万… ③叶… Ⅲ. ①污染防治-空中交通管制 Ⅳ. ①V355.1②X5

中国版本图书馆 CIP 数据核字(2017) 第 226966 号

责任编辑：赵敬伟 / 责任校对：邹慧卿
责任印制：张 伟 / 封面设计：耕者工作室

科 学 出 版 社 出版
北京东黄城根北街 16 号
邮政编码：100717
http://www.sciencep.com

北京虎彩文化传播有限公司 印刷
科学出版社发行 各地新华书店经销
*
2017 年 9 月第 一 版 开本：720×1000 B5
2019 年 11 月第三次印刷 印张：10 插页：5
字数：200 000

定价：78.00 元
(如有印装质量问题，我社负责调换)

前　　言

　　交通运输是国民经济构成中的先行产业和基础产业，是社会生产、生活组织体系中不可缺少和不可替代的重要组成部分，包括空中交通、轨道交通、道路交通、水运交通、综合交通运输与智能交通等主要模式和方向。目前，环境问题已成为影响人类社会发展和全球政治经济格局的重大战略课题。在能源紧张和环境恶化的双重压力下，必须加快发展方式的转变，加快建立以低碳为特征的资源节约型、环境友好型交通运输体系。

　　随着民航运输业的飞速增长，空中交通带来的气体污染、噪声污染和温室效应等环境影响问题日益严重，绿色发展已成为空中交通管理的现实所需和关键难题，这不仅是我国由"民航大国"向"民航强国"迈进的必由之路，亦是提升中国民航国际竞争力、增强全球碳排放交易市场话语权的重要支撑。

　　空中交通管理主要包括空域管理、空中交通服务和流量管理。一直以来，人们对空中交通管理的安全和效率方面进行了重点研究，但对可持续发展缺乏系统、深入的认识，也未形成完整、有效的绿色空中交通管理技术。本书所建立的绿色空中交通管理技术填补了这一空白，是对传统空中交通管理技术研究的重要补充。

　　绿色空中交通管理技术涉及空气动力学、航空气象学、运筹学、信息工程技术和计算机仿真技术、航空排放与噪声等多个不同的学科内容，是一个适度超前、多学科融合的应用型研究方向。

　　本书共7章。第1章是绪论，简要回顾了绿色空中交通管理技术的历史发展，总结了有关方面的最新研究成果。第2章全面分析了空中交通对环境的影响，包括结合大气特性、航空器飞行特性和发动机特性，研究在飞行剖面不同阶段航空器运行对环境的影响，以及在场面运行、终端区飞行和区域飞行等飞行阶段环境影响的主要缓解措施。第3章在机场服务能力评估中注入绿色理念和环境基因，创新性地提出机场环境容许空中交通量的定义和确定方法。第4~6章以减小环境影响为目标，针对机场场面、终端区和区域等不同空域单元建立相应的空中交通运行优化模型。第4章介绍先进的绿色场面滑行理念，探讨单发滑行和电子滑行与传统的全发滑行在燃油消耗、排放、运行流程等方面的不同，并与场面路径优化技术相结合，建立以节能减排为目标的多场景场面运行优化模型。第5章引入扩展终端区概念，联合使用改航和进场点优化分配手段以及CDA进场方式，建立了以节能、减排和降噪为目的的终端区资源优化模型。第6章考虑区域运行中对环境影响较大的凝结尾现象,结合扇区飞行冲突探测与解脱策略,以减轻温室效应、节能和减排为目的,建立区域扇区飞行调配优化模型。第7章是本书的总结,对绿色空中交通管理技术的未来发展趋势进行了探讨和展望。

感谢国家自然科学基金委员会、国家空管委办公室、中国民用航空局、国际民用航空组织、中国民用航空局空中交通管理局、南京航空航天大学等单位,对本书编写工作的大力支持。胡明华是作者的博士生导师,长期关心和支持作者的工作,对本书的撰写提出了很多宝贵的意见。万莉莉在飞行性能分析、叶博嘉在计算机仿真、王湛在算法优化、李杰在气象数据分析等方面开展了卓有成效的研究工作。感谢南京航空航天大学的领导和同事们给予的大力支持和帮助。在写作过程中,我们还引用了大量参考文献,在此一并表示诚挚的感谢!

总之,希望本书能对绿色空中交通管理技术进行比较全面系统的介绍。由于作者水平有限,书中难免有不足之处,敬请读者谅解和批评指正。

田　勇

2017 年 6 月于南京

注 释 表

第 2 章

θ	飞机轨迹角	ε	燃油硫转换率
μ	地面摩擦系数	σ	挥发有机物 TSP 排放指数和 HC 排放指数的比值
ρ	大气密度	Δt_{APU}	APU 的使用时间
C_{D}	飞机阻力系数	L_{E}	傍晚时段 19:00～23:00 的等效连续 A 声级
C_{e}	燃油消耗率	L_{N}	夜间时段 23:00～07:00 的等效连续 A 声级
C_{L}	飞机升力系数	$L_{\mathrm{EPN}ij}$	机型 i 在飞行轨迹 j 上形成的有效感觉噪声级
D	气动阻力	$\mathrm{MW}_{\mathrm{out}}$	SO_4^{-2} 的分子量
EI_i	气体 i 的排放指数	MW_{S}	S(硫)元素的分子量
$\mathrm{EI}_{\mathrm{HC}}$	HC 气体的排放指数	V	飞机速度
$\mathrm{EI}_{\mathrm{CO}}$	CO 气体的排放指数	W	飞机重量
$\mathrm{EI}_{\mathrm{NO}_x}$	NO_x 气体排放指数	L	飞机升力
$\mathrm{EI}_{\mathrm{TSPvol\text{-}FSC}}$	挥发性硫化物 TSP 的排放指数	L_{D}	日间时段 07:00～19:00 的等效连续 A 声级
$\mathrm{EI}_{\mathrm{TSPnv}}$	不挥发 TSP 的排放指数	X	水平距离
$\mathrm{EI}_{\mathrm{TSPvol\text{-}Fuelorganics}}$	挥发有机物 TSP 的排放指数	N	发动机数量
F_{W}	燃油消耗量	$n_{\mathrm{D}ij}$	日间时段 07:00～22:00 的飞机数
FF	燃油流率	$n_{\mathrm{N}ij}$	夜间时段 22:00～07:00 的飞机数
$\mathrm{FF}_{\mathrm{APU}}$	APU 的燃油流率	P_{FSC}	航空燃油硫含量
g	重力加速度	S	飞机机翼面积
H	飞行高度	T	飞机推力

第 3 章

σ_y	水平方向的扩散参数	σ_z	垂直方向的扩散参数
δ	太阳倾角	Δt	评估时间片
$\mathrm{EI}_{i,k}$	飞机 i 的排放指数	PC_j	飞行阶段 j 的排放浓度
$F_{\Delta t}^{k}$	时段 Δt 内污染源 k 上的飞机集合	$Q_{\mathrm{L}}[\Delta t]$	Δt 时间内环境空气质量标准限度
$E[\Delta t]$	Δt 时间内每架飞机的排放量	SS	污染源排放速率强度
$\mathrm{FF}_{i,k}$	飞机 i 的燃油流率	t	观测时间
G	梯度	$t_{i,k}$	飞机 i 的滑行时间

H	有效源高	$V_{i,k}$	飞机 i 的飞行速度
$H_{\min}$	飞行航段最低点	V_{W}	平均风速
lon	当地经度	z	预测点高度
lat	当地纬度		

第 4 章

C_r^w	跑道 r 在时间片 w 的容量	$\mathrm{FW}_i^{m'}$	APU 在 m' 状态下的燃油消耗
$C_{u_l,u_{l'}}^w$	滑行道边 $(u_l, u_{l'}) \in Y$ 在时间片 w 的容量	FW_i^m	飞机在 m 状态下的燃油消耗
EI_i^m	飞机在 m 状态下的排放指数	M	子机发动机状态集合
$\mathrm{EI}_i^{m'}$	APU 在 m' 状态下的排放指数	M'	APU 状态集合
$\mathrm{FF}_{i,T}^{A,\mathrm{APU}}$	飞机 i 在 APU 启动后正常使用状态的燃油流率	S_u	滑行节点 u 的安全间隔
$\mathrm{FF}_{i,E}^{A,\mathrm{APU}}$	飞机 i 启动主发动机时 APU 的燃油流率	t_i^u	飞机 i 过滑行节点 u 的时刻
$\mathrm{FF}_{i,S}^{A,\mathrm{APU}}$	飞机 i 启动 APU 时的燃油流率	t_k^u	飞机 k 过滑行节点 u 的时刻
$\mathrm{FF}_{i,j}^{A,E}$	飞机 i 在状态 j 下单个发动机的燃油流率	N_i	飞机 i 的发动机数量
$\mathrm{FF}_{i,T}^{E,\mathrm{APU}}$	飞机 i 在电子滑行时 APU 的燃油流率	$t_i^{u_l}$	飞机 i 过滑行道节点 u_l 的时刻
$\mathrm{FF}_i^{E,E}$	飞机 i 单个发动机在预热和冷却时的慢车燃油流率	$t_i^{u_{l'}}$	飞机 i 过滑行道节点 $u_{l'}$ 的时刻
$\mathrm{FF}_i^{S,E}$	飞机 i 的单个发动机的燃油流率	$T_{i,T}^{A,\mathrm{APU}}$	飞机 i 在 APU 启动后正常使用状态的运行时间
$\mathrm{FW}_{\mathrm{APU}}^A$	全发滑行方式下 APU 的消耗燃油量	$T_{i,j}^{A,E}$	飞机 i 在状态 j 下的滑行时间
$\mathrm{FW}_j^{A,E}$	全发滑行方式下主发动机不同滑行状态 j 时的消耗燃油量	$T_{i,S}^{A,\mathrm{APU}}$	飞机 i 启动 APU 时的运行时间
$\mathrm{FW}_{\mathrm{APU}}^E$	电子滑行方式下 APU 的消耗燃油量	$T_{i,E}^{A,\mathrm{APU}}$	飞机 i 启动主发动机时 APU 的运行时间
$\mathrm{FW}^{E,E}$	电子滑行方式下主发动机的消耗燃油量	$T_i^{E,F}$	飞机 i 在场景三下的滑行时间
$\mathrm{FW}_{\mathrm{APU}}^S$	单发滑行方式下 APU 的消耗燃油量	$T_i^{S,E}$	飞机 i 在场景二下的滑行时间
$\mathrm{FW}^{S,E}$	单发滑行方式下主发动机的消耗燃油量	v_i	飞机 i 的滑行速度

第 5 章

A	进场航班集合	S_i^A	进场航班 i 的实际进场时间
AS	机场噪声评估范围	FF_i^n	进场航班 i 在飞行阶段 n 时的燃油流率
C_k^w	为航段 k 在时间窗 w 内的容量	S_i^D	离场航班 i 的实际离场时间
D	离场航班集合	t_i^h	进场航班 i 在进场点的等待时间

符号	定义	符号	定义
E_i^A	进场航班 i 的预计进场时间	t_i^d	进场航班 i 在航路下降段的飞行时间
FF_i^a	进场航班 i 在进近时的燃油流率	t_i^a	离场航班 i 的预计离场时间
FF_i^d	进场航班 i 在航路下降时的燃油流率	T_k^h	进场点 k 的等待时间
FF_i^g	离场航班 i 在地面等待的燃油流率	T_{max}^h	最大空中等待时间
FF_i^h	进场航班 i 在进场点等待的燃油流率	W	时间窗集合

第 6 章

符号	定义	符号	定义
ε	水和干洁空气的分子量比值	γ	转弯时飞机的坡度
ΔH_i	飞机 i 高度改变量	ΔHT_i	飞机 i 的航向改变量
C_p	一定质量气体在一定压力下升高单位温度所需的能量	RC_i^{max}	飞机 i 的最大爬升率
C_k^w	航段 k 在时间窗 w 内的容量	RD_i^{max}	飞机 i 的最大下降率
C_p^w	航路点 p 在时间窗 w 内的容量	S_{LO}	安全纵向间隔
d_{ij}	飞机 i 和飞机 j 之间的距离	S_{LA}	安全侧向间隔
EI_{H_2O}	水蒸气排放指数	S_V	安全垂直间隔
F	航空器集合	S_L	安全水平间隔
FF_i^C	为飞机 i 在巡航时的燃油流率	S_{ij}	飞机 i 和飞机 j 之间的安全间隔
$FF_i^{V_1}$	飞机 i 在 V_1 时的燃油流率	T	大气温度
$FF_i^{V_2}$	飞机 i 在 V_2 时的燃油流率	t_i^C	飞机 i 在扇区保持巡航平飞的时间
FL	扇区可用高度层集合	t_i^{DC}	航向调整过程中直线平飞的时间
FW_i^C	保持巡航平飞的燃油消耗量	t_i^{DT}	航向调整过程中转弯的时间
FW_i^V	使用速度调整策略时飞机 i 所消耗的燃油量	t_i^{HC}	爬升过程经历的时间
FW_i^D	使用航向调整策略时飞机 i 所消耗的燃油量	t_i^{HD}	下降过程经历的时间
FW_i^H	使用高度调整策略时飞机 i 所消耗的燃油量	t_i^{NC}	新高度层巡航时间
p	大气压力	t_i^V	飞机 i 在速度调整时的经历时间
Q	燃油比热值	V_i	飞机 i 的飞行速度

缩　略　词

缩略词	英文全称	中文全称
AEC	airport environment capacity	机场环境容许空中交通量
AFA	arrival fix allocation	进场点分配
AFR	air fuel ratio	空燃比
ANP	aircraft noise performance	航空器噪声性能
APU	auxiliary power units	辅助动力装置
BADA	base of aircraft data	飞机基础数据库
BPR	bypass ratio	涵道比
CAS	calibrated air speed	校准空速
CCAR	China civil aviation regulation	中国民用航空规章
CCL	continue climb	持续爬升
CDA	continuous decent approach	持续下降进近
CL	climb	爬升工作状态
CNS	communication navigation surveillance	通信、导航和监视
DDA	delayed deceleration approaches	延迟减速进近
EC	environmental capacity	环境容量
ECDT	engine cool down time	发动机冷却时间
EED	engine emissions databank	发动机排放数据库
EGTS	electronic green taxi system	绿色中滑行系统
EQS	environment quality standard	环境质量标准
ESUT	engine start up time	发动机预热时间
ET	electronic taxi	电子滑行
ETC	environmental traffic capacity	环境容许交通量
ETM	extended terminal	扩展终端区
FCFS	first come first server	先到先服务
FF	fuel flow	燃油流率
HL	high load	高负荷
IAS	indicated airspeed speed	指示空速
ICAO	international civil aviation organization	国际民航组织
INM	integrated noise model	综合噪声模型
LRC	long range cruise	远程巡航
LTO	landing take-off cycle	起落循环
MCR	maximum cruise	最大巡航状态

缩略词	英文全称	中文全称
MCT	maximum cruise thrust	最大巡航推力
MDAC	maximum day average concentration	最大日平均浓度
MHAC	maximum hour average concentration	最大小时平均浓度
MIT	miles in trail	尾随间隔
MRC	maximum range cruise	最大航程巡航
NASA	national aeronautics and space administration	美国国家航空航天局
NCF	number of contrail flight	符合凝结尾产生条件的飞机数量
NL	normal load	正常使用状态
NOAA	national oceanic and atmospheric administration	国家海洋和大气局
NOL	no load	无负荷
NPD	noise power distance	噪声–功率–距离
OEW	operate empty weight	运行空机重量
OPD	optimum profile decent	最优剖面下降
PET	pre-optimal taxi time	优化前的平均滑行时间
PM	particulate matter	悬浮微粒
POT	post-optimal taxi time	优化后的平均滑行时间
RHC	critical relative humidity of water	关键相对湿度
RHI	relative humidity of ice	相对冰度
RHW	relative humidity of water	相对湿度
RHSM	reduced horizontal separation minima	减小水平间隔
RNAV	regional navigation	区域导航
RNP	required navigation performance	所需导航性能
SN	smoke number	烟尘
TAS	true airspeed	真空速
TO/GA	takeoff/go around	起飞/复飞状态
TSP	total suspended particulate	总悬浮颗粒物

目　　录

前言

注释表

缩略词

第1章　绪论 ………………………………………………………………………… 1

　1.1　背景和意义 ………………………………………………………………… 1

　　1.1.1　背景 …………………………………………………………………… 1

　　1.1.2　本书研究意义 ………………………………………………………… 5

　1.2　国内外研究与应用现状 …………………………………………………… 7

　　1.2.1　场面运行对环境的影响研究 ………………………………………… 7

　　1.2.2　终端区运行对环境的影响研究 ……………………………………… 8

　　1.2.3　区域运行对环境的影响研究 ………………………………………… 10

　　1.2.4　环境容许交通量研究 ………………………………………………… 11

　1.3　主要内容和章节安排 ……………………………………………………… 12

　　1.3.1　研究内容 ……………………………………………………………… 12

　　1.3.2　章节安排 ……………………………………………………………… 13

第2章　空中交通对环境的影响分析 …………………………………………… 15

　2.1　大气特性 …………………………………………………………………… 15

　　2.1.1　大气分层 ……………………………………………………………… 15

　　2.1.2　温室效应 ……………………………………………………………… 16

　2.2　航空器特性 ………………………………………………………………… 17

　　2.2.1　飞行剖面 ……………………………………………………………… 17

　　2.2.2　航空器飞行特性 ……………………………………………………… 17

　　2.2.3　发动机特性 …………………………………………………………… 19

　2.3　航空器对环境的影响 ……………………………………………………… 22

　　2.3.1　航空排放 ……………………………………………………………… 22

　　2.3.2　飞机噪声 ……………………………………………………………… 27

　2.4　环境影响缓解措施 ………………………………………………………… 28

　　2.4.1　场面运行阶段 ………………………………………………………… 29

　　2.4.2　终端区飞行阶段 ……………………………………………………… 30

　　　2.4.3　区域飞行阶段 ··· 32
　　　2.4.4　其他措施 ··· 33
　2.5　本章小结 ·· 33
第3章　机场环境容许空中交通量评估方法 ····················· 35
　3.1　机场大气污染物多源扩散模式 ································· 35
　　　3.1.1　点源扩散模式 ··· 36
　　　3.1.2　线源扩散模式 ··· 38
　　　3.1.3　面源扩散模式 ··· 40
　3.2　机场大气污染物浓度评估 ······································ 41
　　　3.2.1　浓度评估模型 ··· 41
　　　3.2.2　浓度评估实例 ··· 41
　　　3.2.3　浓度影响机理 ··· 45
　3.3　机场环境容许空中交通量 ······································ 49
　　　3.3.1　基本定义 ·· 49
　　　3.3.2　评估实例 ·· 51
　3.4　本章小结 ·· 57
第4章　面向环境保护的场面运行优化方法 ····················· 58
　4.1　航空器滑行方式 ··· 58
　　　4.1.1　全发滑行方式 ··· 58
　　　4.1.2　单发滑行方式 ··· 60
　　　4.1.3　电子滑行方式 ··· 61
　4.2　航空器场面运行分析 ··· 63
　　　4.2.1　滑行拓扑网络 ··· 63
　　　4.2.2　场面滑行冲突 ··· 63
　4.3　考虑多场景环境影响的场面运行优化方法 ·················· 64
　　　4.3.1　场景构建 ·· 65
　　　4.3.2　目标函数 ·· 65
　　　4.3.3　约束条件 ·· 68
　　　4.3.4　算法设计 ·· 69
　4.4　场面运行优化实例分析 ·· 72
　　　4.4.1　基础数据 ·· 72
　　　4.4.2　燃油消耗分析 ··· 74
　　　4.4.3　滑行时间分析 ··· 80
　　　4.4.4　气体排放分析 ··· 81
　4.5　本章小结 ·· 84

第 5 章　面向环境保护的终端区运行优化方法 ················· 86

　5.1　扩展终端区的定义 ································· 86

　5.2　终端区噪声评估方法 ······························ 87

　　　5.2.1　噪声计算方法 ······························ 87

　　　5.2.2　传统进近程序噪声评估 ······················· 93

　　　5.2.3　CDA 程序噪声评估 ························· 97

　5.3　考虑环境影响的终端区运行优化方法 ···················· 98

　　　5.3.1　优化模型 ······························· 98

　　　5.3.2　算法设计 ······························ 100

　　　5.3.3　实例分析 ······························ 101

　5.4　基于 CDA 的终端区运行优化方法 ··················· 107

　　　5.4.1　优化模型 ······························ 107

　　　5.4.2　实例分析 ······························ 107

　5.5　本章小结 ···································· 110

第 6 章　面向环境保护的区域运行优化方法 ················ 111

　6.1　凝结尾形成条件 ································ 111

　6.2　区域扇区飞行冲突探测与解脱 ······················· 113

　　　6.2.1　飞机安全保护区模型 ························ 113

　　　6.2.2　区域扇区飞行冲突类型 ······················ 114

　　　6.2.3　区域扇区飞行冲突解脱方法 ···················· 115

　6.3　考虑环境影响的区域扇区飞行调配优化方法 ················ 117

　　　6.3.1　目标函数 ······························ 117

　　　6.3.2　约束条件 ······························ 121

　　　6.3.3　算法设计 ······························ 122

　6.4　区域扇区飞行调配优化实例分析 ······················ 124

　　　6.4.1　基础数据分析 ···························· 124

　　　6.4.2　结果分析 ······························ 127

　6.5　本章小结 ···································· 133

第 7 章　总结与展望 ······························ 134

　7.1　总结 ······································ 134

　7.2　展望 ······································ 135

参考文献 ······································· 136

附录一　APU 燃油消耗率和排放指数 ···················· 142

附录二　飞机发动机型号 ··························· 143

附录三　**CF567B 的 NPD 数据** ……………………………………………………………144

附录四　环境标准 …………………………………………………………………………………146

彩图

第1章 绪　　论

1.1　背景和意义

1.1.1　背景

　　环境是人类生存和发展的基本前提。环境为我们的生存和发展提供了必需的资源和条件。随着 20 世纪以来近代工业革命的不断推动，世界各国经济得到空前发展。在全球持续快速发展的同时，过度的自然资源开发和长期无限制的碳排放导致人类生存环境不断恶化，全球变暖、大气污染、水土流失、种族灭绝等环境问题不断凸显，严重影响人类的生存和发展。根据 2016 年 5 月 23 日第二届联合国环境大会发布的"健康星球，健康人类"报告，全球约 1/4 的人口死亡与环境问题有关。在此严峻形势之下，环境保护已成为全球各行各业普遍关注和致力解决的重大问题。

　　环境保护(简称环保)是在个人、组织或政府层面，为造福大自然和人类而保护自然环境的行为，是指人类为解决现实的或潜在的环境问题，协调人类与环境的关系，保护人类的生存环境，保障经济社会的持续发展而采取的各种行动的总称。其方法和手段有工程技术、行政管理以及法律、经济、宣传教育，等等。保护环境是人类有意识地保护自然资源并使其得到合理的利用，防止自然环境受到污染和破坏；对受到污染和破坏的环境做好综合的治理，以创造出适合人类生活、工作的环境，协调人与自然的关系，让人们做到与自然和谐相处的概念。自 20 世纪 60 年代起，环保运动已逐渐令大众更重视身边的各种环境问题。

　　中国作为世界上最大的发展中国家，在经济社会持续发展的同时，生态环境问题亦接踵而来，环境保护问题已被国家各部门提升至战略发展的层面。环境问题是中国 21 世纪面临的最严峻挑战之一，保护环境是保证经济长期稳定增长和实现可持续发展的基本国家利益。环境问题的解决关系到中国的国家安全、国际形象、广大人民群众的根本利益，以及全面小康社会的实现。为社会经济发展提供良好的资源环境基础，使所有人都能获得清洁的大气、干净的水源和安全的食品，是政府的基本责任与义务。例如，在 2010 年十七届五中全会，明确要求"树立绿色、低碳发展理念"，将"绿色发展"写入"十二五"规划并独立成篇；2013 年十八届三中全会，将生态文明建设放在突出地位，并提出建设"美丽中国"的宏伟目标。在能源紧张和环境恶化的双重压力下，绿色已成为当今时代特色，并与和平、发展共同形成世界的三大主题，低碳、节能和环保理念已成为全球人类发展的共同追求。

民航业作为世界各国经济社会发展的重要支撑产业，与国家、地区乃至全球发展密切相关。特别是在全球经济一体化背景下，航空运输不仅是一种交通运输方式，而且成为区域经济融入全球经济的快速通道。2016 年全球航空旅客运输量达到 37 亿人次，货物运输量价值占世界贸易总额的 35%。中国作为全球第二大航空运输市场、第二大经济体、第一大贸易国和第一大旅游客源国，经济社会发展和人民生活水平的不断进步直接带动着航空运输市场的快速蓬勃增长。据国际民航组织(ICAO)和中国民用航空局等官方机构统计，2016 年全球民航旅客周转量同比仅增长 5.7%，而中国民航旅客周转量同比增长 12%，远超全球民航平均发展水平。为进一步推动中国航空运输产业快速发展，国务院在 2012 年 7 月发布的《国务院关于促进民航业发展的若干意见》中为中国民航业发展制定了如下目标：到 2020 年，航空运输年总周转量达到 1700 亿吨千米，年均增长 12.2%，全国人均乘机次数达到 0.5 次。在此宏伟目标和战略愿景之下，中国经济社会发展水平和全球影响力必将在航空运输市场蓬勃发展的基础上得到进一步的提升，与此同时由空中交通运行引发的机场周边及空域环境污染问题亦不容忽视，并逐渐呈现愈演愈烈之势，绿色发展已成为中国航空运输业的现实所需和关键难题，这不仅是我国由民航大国向民航强国快速迈进的必经之路，亦是提升中国民航国际竞争力、增强全球碳排放交易市场话语权的重要支撑。因此，为顺应全球民航绿色发展趋势和国内民航迫切发展需求，紧跟欧美等航空发达国家和地区业界的关注焦点和学界研究热点，在确保空中交通运行安全和效率的同时，亟须开展绿色空中交通管理技术研究。

航空时代引发的环境污染问题已迫使人们逐渐将目光从地面、河流和海洋引向广阔的天空。自商用喷气机时代开始以来，航空运输业不断发展，日渐增长的空中交通运行需求在为人们创造舒适、便捷和高效旅行的同时，其飞行过程亦带来大量的航空器燃油消耗、尾气排放以及噪声污染等问题，不可避免地会对机场周边及空域环境造成一定的影响。虽然航空运输气体排放目前在全球温室气体排放量中所占比例不高，但上升速度非常快，而且是高空气体排放的主要来源。据联合国政府间气候变化专门委员会统计，目前航空运输排放的二氧化碳(CO_2)占世界运输业总排放量的 13%，占全球人为 CO_2 排放总量的 2%[1]。随着人们环保意识的增强，汽车等地面交通工具正逐步采用电力、天然气等绿色能源，航空燃料在世界石油消耗量中的比重将会逐年增加，而且航空排放属于高空排放和移动排放，对大气层所造成的影响有相应的放大作用。随着全球航空运输业的高速发展，若不采取相应环境保护措施，未来 40 年航空运输产生的气体排放占全球人为 CO_2 排放量的比例将增至

3%，造成气候变化的比例将增至 5%[2]。图 1.1 为全球 CO_2 排放源组成及比例分配情况。

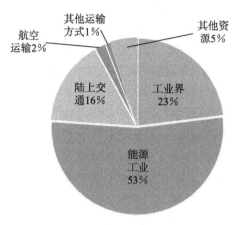

图 1.1　全球 CO_2 排放源构成比例图

面对巨大的环境挑战和严峻的环保形势，一场"绿色航空"革命正在世界航空业悄然兴起。"绿色航空"是一项长期系统的工程，需要大量的人力、物力和时间，目前的解决思路和工作重点主要体现在以下四个方面：第一，充分发挥政府监管和市场调节作用，从宏观层面约束各国行为，包括制订环保计划、政策和框架协议等。例如，在 2010 年国际民航组织第 37 届大会，190 个会员国在环保方面通过了一项综合性决议，承诺 2020 年开始实现零排放增长，2050 年 CO_2 净排放量在 2005 年基础上减半。第二，革新航空制造技术。通过采用新一代的气动布局、发动机体系结构及复合材料结构设计和制造等技术，研制可大幅提升燃油效率的替换型飞机或发动机。例如，在 A350、B787 和 C919 等机型的研制过程中，以碳纤合成材料取代铝制机体，使飞机重量大大减轻，减小起飞和降落过程产生的噪声，并使飞行效能提高 20%。第三，开发使用可持续航空生物燃料来替代传统的航空燃油。通过大范围地种植麻风树、亚麻荠、藻类和盐土植物来提炼航空生物燃料，或从废弃油脂(包括地沟油、食用油边角料、餐饮废油等)中提取航空生物燃料，变废为宝。例如，2008 年 2 月，英国维珍航空公司首次将 B747 机型四发中的一发连接独立的生物燃料油箱，成功完成验证飞行；自 2011 年航空生物燃料被批准以来，各国航空公司使用该燃料的载客飞行次数已经达到了 1500 多次。第四，优化空中交通管理技术和流程，提高航空运输运营效率。通过采用持续下降进近(continue decent approach, CDA)、航线截弯取直、飞行程序和路线优化、飞行高度和速度优化等，提高空中交通运行效率，减小燃油消耗、气体排放和噪声污染等环境影响。例如，欧洲单一天空计划通过制定一系列欧洲各国民航一体化空管措施，美国下一代航空运输系统计划通过优化飞行程序和路线，以提高飞行效率和减少飞行对环境的不利影响。

上述前三个方面的环境保护缓解措施虽然实施效果显著，但仍存在以下不足：第一，虽然政府监管和市场调节作用在宏观上具有较强的约束力，但受国家和地区法律和经济等条件限制，存在协调时间长、实施难度大等缺点，各国民航业须对节能减排工作达成共识，并采取统一行动，才能取得较好的实施效果。第二，革新航空制造技术虽然能从源头上显著减少航空器对环境的影响，但须在新产品研制、生产、推广和旧设备的改造过程中投入大量的人力和物力，具有周期长、成本高、风险大等特点，而且机队更新缓慢，因此短期内无法大规模应用。尤其是在目前少数航空发达国家对飞机、发动机设计和制造技术已形成垄断，以及中国民航技术创新能力相对较差的格局下，国内不仅在短期内难以具备革新航空制造技术的能力，还可能增加节能减排的成本。目前中国民航百座以上的大中型飞机均从欧美进口，后期节能改造技术的对外依存度接近 100%。虽然国产大飞机项目取得了巨大进展，但国产飞机规模化生产且机队占比达到一定规模的目标在短期内无法实现。第三，发展航空生物燃料虽然可以减少航空业的温室气体排放和对单一燃料的依赖，并为适合种植生物燃料作物的部分地区带来经济效益，但在实际操作和技术层面仍然存在较多问题，航空生物燃料在短期内不会大量市售。另外，当前各航空公司进行航空生物燃料试航飞行的主要目的只是宣传环保形象，而实现大规模商业运用则尚需时日。相比而言，优化空中交通管理技术和流程可充分挖掘现有空管系统中先进技术、设备和方法的潜力，通过提高航空器运行效率来降低空中交通运行对航空能源的消耗，该项措施不仅实施成本低，而且完全可在更短时间内通过现有机型来实现，可为上述的其他长远解决措施提供重要的近期补充。根据美国国家航空航天局(NASA)研究报告显示，空中交通管理部门在无须增加任何设备的前提下，通过在航空器进场过程采取 CDA 技术，可有效节约飞行时间、提高飞行效率，并减少燃油消耗、气体排放和噪声污染等环境问题[3]。

空中交通流量管理作为空中交通量发展到一定水平的产物，是缓解空中交通拥堵和延误最有效和最经济的手段，其主要目的是确保空中交通安全、有序和顺畅运行。欧美等航空发达国家和地区早在 20 世纪 60 年代就开始着手空中交通流量管理理论方法与系统研究，经过近 40 年的不断发展已在组织体系建设、人员教育培训、系统工具研发等方面取得一系列显著成果，在 20 世纪 90 年代欧美均建立了适合各自发展的特色空中交通流量管理系统[4]。然而，受最初所提出的空中交通流量管理概念的局限，流量管理技术的应用均是在确保航空器运行安全的前提下，以最大限度地利用空中交通管制服务容量为目标，并未考虑流量管理方法策略实施过程中产生的环境影响。在绿色航空发展理念牵引下，降低空中交通运行对环境的影响已成为当今时代发展对空中交通流量管理提出的更高层次要求，亦是提升空中交通流量管理实施质量的重要手段。世界各国纷纷在现有空管设备条件下开展技术整合与协同运行，从而挖掘流量管理实施过程中的节能减排潜力。美国联邦航空局、欧洲航行安全组织在组织开展下一代航空运输系统规划、实施与评估工作中，对传统的空中交通流量管理赋予了环境友好、可持续发展的新内涵与新使命，并将环保指标列入空中交通流量管理的重要评价体系。相比之下，我国流量管理技术与系统尚处在建设完善阶段，空域拥堵、航班延误、环境污染等问题仍相当突出，传统的流量管理技术和运行方法已无法满足绿色航空发展需求。

综上所述，为顺应国际航空运输发展形势，满足本地民航实际发展需求，紧跟国际空管理论研究焦点，我国应将环境保护理念全面渗透到空中交通流量管理理论、技术和系统建设过程中，实现空中交通运行安全、效率与绿色等多维目标的协同优化与共赢发展。

鉴于此，本书重点从空中交通流量管理的视角研究空中交通运行优化方法，旨在通过建立面向环境保护的机场场面、终端区和区域空中交通运行优化方法，提高航空器各飞行阶段运行效率，降低空中交通运行造成的燃油消耗、气体排放和噪声污染等环境影响，推动航空运输业绿色和谐发展。

1.1.2 本书研究意义

本书紧跟国际航空运输发展趋势，面向我国空中交通管理运行实际，针对空中交通各运行阶段，建立绿色空中交通管理技术体系，对于丰富完善空中交通管理理论方法，推动绿色空中交通管理系统建设，健全资源节约型和环境友好型的航空运输体系等具有理论意义和应用价值。具体体现在以下几个方面。

一是有利于推动我国航空运输产业持续、健康和科学发展。当今时代对绿色发展、绿色生活的认识和期待比以往任何时候都要深刻和强烈，李克强总理在 2015年政府工作报告中强调要在生态环保等方面率先取得实质性突破，要坚持创新驱动、智能转型、强化基础、绿色发展。在此背景之下，绿色发展已成为各行各业未来发展的大势所趋和必然选择。民用航空作为我国经济社会发展的基础支撑产业，是交通运输系统的重要组成部分和综合交通运输体系中发展速度最快的领域，其在气体排放、温室效应、噪声污染等方面的环境问题亦随着空中交通流量的不断增加而愈演愈烈。《国务院关于促进民航业发展的若干意见》《促进民航业发展重点工作分工方案》《中国民用航空发展第十二个五年规划》《中国民用航空发展第十三个五年规划》等国家和行业文件均将建设资源节约型和环境友好型民航列入我国航空运输业当前及未来的发展焦点。如何采用科学方法优化空中交通运行，减少航空器运行产生的环境问题，加快建设绿色空中交通管理体系，将成为我国航空运输业科学和谐发展的重要支撑，亦是实现我国由民航大国向民航强国转变的必经之路。

二是有利于健全空中交通流量管理理论方法体系。跟踪国际空管科学技术发展热点，紧密围绕我国航空运输绿色发展需求，重点以环境保护为目标，兼顾安全与效率，通过研究面向环境保护的机场场面运行优化方法、终端区运行优化方法、区域运行优化方法等，初步形成一套可以满足空中交通各运行阶段绿色飞行需求的空中交通流量管理体系，并通过典型实例对所提方法进行实验验证和效果分析，以期解决我国民航空管领域面临的紧迫现实问题，对于健全和完善空管理论体系、提高我国空管自主创新能力具有强大的推动作用。

三是有利于建设与国际接轨的绿色空中交通流量管理系统。随着航空运输需求的不断增加，空中交通流量管理与空中交通管制之间的专业化分工越发明显。目前我国虽已初步建立各级空中交通流量管理部门，并初步研发了地区级和机场级流量管理系统，但是与流量管理相关的发展理念仍停留在传统的效率运行层面，忽视了绿色环保的现实及未来发展需求。若能在空中交通流量管理技术攻关阶段与应用系统建设初期就充分考虑环境保护因素，在各项流量管理技术的研究过程中注入绿色理念和环保基因，从而高起点、高标准地建设与国际接轨的绿色空中交通流量管理系统，既可避免走国内很多行业"先发展、后治理"的老路，又可避免走国外航空发达国家"先建设、后改进"的弯路。

四是有利于大幅度降低航空运输企业的运营成本。随着航空业低碳发展时代大幕的逐渐拉开，碳排放标准将成为决定未来航空公司成败的一个关键指标和重要因素，高额的燃油消耗以及相应的碳排放成本势必给航空公司带来沉重的发展压力。我国应紧密结合本地航空运输产业发展现状及显著特点，充分发挥民航平均机龄较短的优势，重点弥补空管技术创新能力相对不足的劣势。本书正是通过优化空中交通运行过程，有效降低航空器燃油消耗、气体排放以及噪声污染等问题，从而大幅度降低航空运输企业的运营成本，通过理论技术创新促进航空运输企业走出一条低耗、低排、高产的绿色发展之路。

五是有利于促进航空运输各方利益需求的协同均衡。当前空中交通管理在保障航空器运行安全的前提下，其主要目标是追求空中交通运行效率的最大化，即偏重于空中交通安全、快速顺畅和经济运行，过于忽略航空器运行所带来的燃油消耗、气体排放、噪声污染等环境问题。本书面向绿色空管发展需求，开展绿色空中交通管理技术研究，旨在确保最大化航空器运行安全和运行效率的同时，尽可能将其对机场周边和空域的环境影响降至最低，从而实现政府、空管、航空公司、机场、旅客、居民等航空运输各利益相关方之间的综合权衡与协同优化，全面提升空中交通整体运行效能。

六是有利于打破欧美航空企业在空中交通流量管理领域的垄断地位。我国的空中交通流量管理方法与技术与欧美等航空发达国家和地区相比仍处于落后地位，空管系统国际竞争力较为低下。目前，面向环境保护的空中交通流量管理综合技术研究在全球航空业界正处于起步阶段，相关理论方法与技术均未完全成熟，我国应及时抓住绿色航空发展机遇，打破欧美航空企业在空中交通流量管理领域的垄断地位，从而推动中国民航在全球航空运输领域的国际领导地位，形成并增强相关技术系统在全球低碳领域的出口能力，创造新的国家经济增长点。

1.2　国内外研究与应用现状

空中交通对环境的影响主要表现在燃油消耗、排气污染和噪声污染，因此基于环境保护的空中交通运行优化方法的主要目的是节能、减排和降噪。本节针对研究主题，根据飞机在不同运行阶段对环境影响的特点，分别介绍场面、终端区、区域运行对环境影响的国内外研究现状，并分别从航空器对环境的影响评估和空中交通优化方法两方面来进行综述。

1.2.1　场面运行对环境的影响研究

飞机在场面运行时对环境的影响主要是发动机在滑行时的燃油消耗和尾气排放。研究者先建立滑行阶段燃油消耗和排放的计算模型，以准确量化场面运行对环境的影响，在此基础上提出通过改进滑行方式、滑行路径优化等方法来减少滑行的时间和燃油消耗、排放。国外关于滑行阶段燃油消耗和排放计算的相关研究有：2007年，Sandrine Carlier 首次对欧控区域中延误对环境的影响进行了量化，结果表明地面延误的影响高度依赖于延误中所使用的动力源，且地面延误的油耗和排放都低于空中延误[5]。2011 年，Tasos Nikoleris 等采用实际运行中的航空器位置数据，针对机场场面的四种典型滑行状态建立燃油消耗和排放计算模型，对 Dallas 机场的实例分析表明燃油消耗和排放与发动机工作状态相关，且启-停模式比匀速滑行模式的燃油消耗高 35%[6]。2012 年，Harshad Khadilkar 等基于场面监视系统提供的场面滑行路径，建立了与航空器的滑出时间、停止次数、转弯次数和加速次数等因素线性相关的滑出燃油消耗模型，相比 ICAO 提供的燃油消耗模型更精确[7]。2012 年，Sang-Keun Song 等采用 EDMS 模型评估了韩国四个主要机场 2009~2010 年的温室气体和污染物排放，结果表明其中滑出阶段的排放最大[8]。2014 年，Chris Wijnterp 等建立了价值评估模型，基于 KLM 皇家航空公司的滑行运行数据，全面评估了电子滑行系统对维修、时间、运行程序、发动机和地面服务成本等的影响[9,10]。2014 年，Jakub Hospodka 详细分析了电子滑行系统的正面和负面影响，其中正面影响包括节省燃油、推车时间、发动机使用和维护的费用，负面影响包括轮胎磨损、人员培训、安装集成和认证等费用[11]。国外关于场面运行的优化研究有：2011 年，Koeners

等通过动态规划滑行路径来实时优化跑道排序,并采用遗传算法求解,以弥补滑行运行中的不确定性,提高跑道设施的使用效率,减少航班延误[12]。2013 年,N. Dzikus 等从燃油消耗的角度分析机场规模、机队组合和交通量大小对滑行时间的影响,认为机场未来交通的发展趋势对滑行时间的影响最大[13]。2014 年,Rui Guo 等通过全美最繁忙的 10 个机场的运行数据来对比不同的场面运行方式,效费分析表明扩展和机载推进系统都能降低油耗的排放,机载推进系统相比更优[14]。2014 年,I. Simaiakis 等推出控制策略,通过延长在停机位的等待时间来减小滑行时间,可有效节省机场地面阻塞并节省燃油[15]。国内在此方面的研究还处于起步阶段,相关研究有 2009 年,李可等运用网络线路的计算方法,结合飞机发动机的排放模型,针对虹桥机场飞行区的地面滑行网络提出滑行飞机流优化算法[16];2016 年,万莉莉等通过分析在不同滑行场景下的航空器运行特性,建立了多场景绿色滑行优化模型,并选取遗传算法进行了求解[17]。

1.2.2 终端区运行对环境的影响研究

终端区内交通流密度大,航空器高度、速度变换频繁,其对环境的影响不仅包括燃油消耗和排放,还要考虑噪声。国外关于终端区内燃油消耗、污染物排放、噪声计算和下降剖面分析等相关研究有:2000 年,Kershaw A D 等分析了 ATC 指令对希斯罗机场 210 架进场航班的飞行剖面的影响,结果表明开始下降点到接地点的距离对 CDA 的成功率有明显影响[18]。2009 年,David A 和 Gregg G 根据发动机在低空、低速时的燃油消耗特性,建立 TSFC 模型对终端区燃油消耗模型进行了改进,可提高 10000 英尺①以下进场和离场阶段的燃油消耗计算精度[19]。2011 年,Jermanto S. Kurniawan 等对比分析了起落循环(landing take-off cycle, LTO)中污染物排放各计算方法的优缺点,指出影响结果的主要因素是排放指数、燃油消耗和不确定性[20]。2011 年,Stell 通过分析部分机型的下降实验数据,表明对于给定的推力和阻力模型,可通过巡航高度、下降校准空速(CAS)、飞机重量、风等准确计算下降顶点的位置[21]。2011 年,Bronsvoort 等对下降过程中的风剖面进行预测,以减少标准 CDA 航迹的计算偏差[22]。2013 年,Bruno 等分析 SDU 机场应用 RNP 程序后对环境的影响,结果表明可减小噪声影响区域,同时减少油耗和排放[23]。2013 年,Li Jin 等建立了进近程序和燃油消耗之间的解析关系,仿真实例表明为最大限度地降低油耗和对环境的影响,应结合机型来确定垂直剖面和速度剖面[24]。2013 年 Terry 等通过对比在巴黎和纽约地区应用 CDO/CDA 对环境的不同改善,表明两地存在差异的原因是当前交通流密度和飞行路径分段不同[25]。国外关于终端区运行优化的研究主要有:2011 年,Dumont Jean-Marie 等的分析表明 10000 英尺以下飞机以小推力/小阻

---

① 1 英尺=3.048×10⁻¹ 米。

力方式进近,可节省燃油和碳排放 30%～40%[26]。2011 年,Knorr 等对美国和欧洲
34 个最繁忙机场的评估表明在飞行下降阶段采用速度控制策略可有效节省时间和
燃油,改进空中交通管理效率[27]。2011 年,Muller Delri 等对 SEATAC 的案例分析
表明 RNVA/RNP 程序相比传统进场程序最多可节省燃油和减少排放 40%[28]。2011
年,Cao Y 等采用整数线性规划方法求解基于 4D 航迹的无冲突 CDA 剖面,并选取
纽约机场来验证 CDA 相比阶梯进近的好处[29]。2013 年,Kim B 等建立终端区空域
资源优化分配模型,并采用整数线性规划求解总燃油消耗最小和总排放最小的优化
方案,可有效解决恶劣天气导致的容量不均衡问题[30]。2013 年,Stefan Ravizza 等
将路径优化模型和多目标求解模型相结合,可得到不同速度剖面下机场场面滑行时
间和燃油消耗的相互关系[31]。2014 年,Bosung Kim 等针对跑道使用不均衡的情况,
建立跑道分配和进离场排序优化模型,仿真结果表明应用该模型能降低进场排放
30%,降低离场排放 3%[32]。2015 年,Sang Gyun 等通过建立与飞行时间和油耗相
关的多阶段垂直轨迹优化问题,探讨了 CDA 程序的性能边界[33]。2015 年,Sang Gyun
等将给定进场时间约束下的下降剖面优化转化为混合系统中的最优控制问题,并结
合具体机型和风况进行了数值算例分析[34]。

　　国内对噪声和排放计算也开展了大量的研究:2002 年,周宁采用 ICAO 推荐的
计权等效连续感觉噪声级 LWECPN 作为机场噪声评价参数,计算并绘制萧山机场
2005 年噪声等值线图,并提出了机场噪声污染防治的措施与方法[35]。2007 年,马
腾飞研究了机场航空噪声计算原理、计算方法和机场航空噪声等值线图的绘制方
法,分析了气象参数、机场地形、发动机推力、襟翼操作等诸多关键因素对航空噪
声的影响[36]。2008 年,夏卿等通过计算全国 123 个机场 LTO 的气体污染物排放量,
拟合得到 LTO 的循环数与各种污染气体排放因子的关系[37]。2008 年,杨尚文在综
合考虑机场航空噪声客观评价量和居民主观反应的基础上,建立了机场航空噪声对
居民影响的二级模糊综合评价模型[38]。2010 年,武喜萍分析了飞机噪声评价原理
和评价步骤,建立了飞行程序噪声评价模型,并对比分析了部分减噪程序的减噪效
果[39]。2010 年,魏志强等推导出替代 ICAO 标准排放量模型的各阶段飞行时间、
推力、燃油流量等参数的计算公式,并考虑大气环境与飞行参数的影响,给出各种
污染物的排放指数修正模型[40]。2011 年,刘芳提出了下降阶段的分段匹配燃油消
耗模型,采用神经网络建模方法克服了历史数据中下降环境覆盖不足的情况,实现
了下降阶段任意飞行环境下的飞机燃油估计[41]。2013 年,闫国华等利用 ICAO 数
据库和我国民航统计数据,分别计算了起飞着陆和巡航阶段的 CO_2 排放量,从而估
算飞机执飞完整航线的 CO_2 排放量[42]。2014 年,张召悦等选取合理的飞行程序噪
声评价指标,提出了基于航迹分段模型的飞行程序噪声评估方法[43]。在终端区优化
方面,国内的研究主要有:2013 年,王超等结合飞行动力学和运动学模型,基于模

糊理论设计了离场轨迹多目标优化方法，并提出了 3 种启发式搜索规则和动态领域搜索方法来改进模拟退火算法[44]。2015 年，尹建坤等介绍了 ICAO、美国、欧盟的机场噪声控制措施概况，结合我国机场的实际情况，提出减少飞机噪声影响的具体措施[45]。2015 年，丁文杉等概述了机场大气污染的危害、基本原理，指出飞机排放是大气温室效应的直接污染源，并对比分析了国内外典型的机场大气排放评估模型，研究了飞机尾气污染防治措施[46]。

1.2.3　区域运行对环境的影响研究

　　飞机在高空区域内飞行，速度快、路程远，对环境的影响主要考虑高空产生的排放、凝结尾及对气候的影响。国外关于区域运行对环境影响的研究主要有：1998年，Andreas Chlond 通过建立大涡流模型来对凝结尾形成的微观、动态和辐射过程进行仿真，得到凝结尾生命周期里流场和温场的变化规律[47]。1999 年，R. Meerkotter 等采用三种不同的辐射模型对凝结尾的辐射影响进行了对比，探讨了辐射强度与大气、云层等参数之间的关系[48]。2005 年，Hermann Mannstein 提出凝结尾扩展区域面积的估算方法，结合欧洲部分地区的交通流历史数据的估算结果表明凝结尾扩展区域的面积和辐射都远高于原始的线性区域[49]。2005 年，Ulrich Schumann 从微观上分析了凝结尾的形成原理和特性，宏观上分析了民航业所产生的凝结尾对全球气候的影响[50]。2006 年，David J. Travis 等根据卫星图片、气象信息和航班数据分析了美国在不同时期凝结尾的出现频率及随季节和对流层顶部温度发生变化的规律[51]。2011 年，Xavier Prats 等将旧金山机场全年的地面等待航班转化为最小燃油速度飞行策略，结果表明该策略可有效吸收航班延误，降低燃油消耗及其对环境的影响[52]。2012 年，Banavar Sridhar 等结合碳排放、碳循环模型建立了线性的全球气候反应模型，可用于评估民航所导致的排放和凝结尾对地表温度的影响程度[53]。2013 年，Jinhua Li 等结合拉格朗日扩散模型和云微观模型，生成新的动态凝结尾模型，可根据气象条件模拟凝结尾在生命周期内的全过程[54]。2013 年，Ulrich Schumann 等研究了凝结尾中冰颗粒大小与环境影响程度的关系，结果表明冰颗粒增大会增加凝结尾厚度、覆盖范围和存在时间，从而增加辐射强度[55]。2013 年，Hang Gao 分别以燃油消耗、飞行时间、不同气体排放、凝结尾数量最小为目标，优化巡航阶段的飞行路径，并定量分析了各优化路径对环境的影响程度[56]。2013 年，Bo Zou 等建立了包含燃油燃烧成本、机组、旅客旅行时间、CO_2 排放和尾迹的总飞行成本模型，优化结果表明优化轨迹与计算 CO_2 气候影响所选取的时间范围密切相关[57]。国外针对减少区域内飞行对环境影响的优化方法研究有：2002 年，Victoria Williams 针对欧洲和北美地区的航班巡航高度限制，分析选择不同高度层对航班所形成的凝结尾和碳排放影响[58]。2008 年，Klaus Gierens 等从技术和运行两方面综述了缓解凝结尾的措施，表明技术上可通过替代燃料和改进推进效率等措施来实现，运行上可通过选择飞行高度、时间和路线等措施来实现[59]。2009 年，Scot 等建立航路路径优化模型，并采用混合整数线性规划算法求解，结合实际大气数据对芝加哥到洛杉矶的航路进行了优化，结果表明优化后油耗略有增加但凝结尾大幅减少[60]。2011 年，Banavar Sridhar 等结合高空风数据对美国本土 12 个城市对之间的航路进行水平方向和高度的优化，通过求解非线性优化控制问题得到对环境影响最小的飞行路径[61]。2013 年，Banavar Sridhar 等整合了飞机排放模型、凝结尾模型和简化的气候响应模型，利用真实的交通数据模拟了高度优化、路径优化和高度路径同时优化三种凝结尾缓解策略的效率[62]。2013 年，Frömming 等为确定各排放对气候变化的贡献，建立了与排放位置、高度、时间相关的气候成本函数，作为路径优化时最小化环境影响的基础[63]。2013 年，Manuel 将四维航迹规划描述为多阶段混合整数优化控制问题，并在建模决策过程中引入 0-1 二元变量求解，可优化航班高度层分配，使凝结尾对环境的影响最小[64]。

国内的相关研究较少，主要有：2001 年，黄勇等对 1998 年旺季(4~10 月)中国上空民航飞机的 NO_x 排放量及其分布进行了评估，结果表明高空飞机 NO_x 排放量增长迅速，(大)城市上空的 NO_x 含量沿垂直方向由地面向高空递减[65]。2001 年，马建中利用民航统计资料建立了 1997~1998 年中国地区上空飞机污染物的四维排放清单，统计结果表明目前中国地区上空飞机的污染物排放仅为全球飞机总排放量的 2%，化学示踪物模拟的结果显示飞机排放会使上部对流层臭氧浓度增加[66]。2011 年，戴平等对降低航空活动对气候影响的技术手段和政策支持进行了综述[67]。2013 年，周杨等对飞机起降过程中污染物排放类型，对机场周边大气环境影响分析的 EDMS、SMOKE/CMAT 等常用模型进行了对比分析[68]。2013 年，储燕萍根据 2012 年 10 月和 11 月的上海浦东机场飞机机型和航班架次统计数据，估算 2012 年浦东机场飞机起降时的主要排放值，并利用监测数据绘制二氧化氮和二氧化硫的等值线图，建议采用改进飞机滑行路线、探讨征收飞机碳排放税等措施减少飞机尾气排放对空气质量的影响[69]。

1.2.4　环境容许交通量研究

环境容许交通量是借鉴地面交通的相关概念所提出的，主要考虑在污染物排放浓度等因素限制下的空域单元服务能力。国外的相关研究有：2012 年，Prem Lobo 等对机场下风方向 100~300m 的大量机型 PM 排放进行分析，得到航班起降循环的 PM 排放计算模型和分布规律[70]。2014 年，Nesimi Ozkurt 结合 Esenboga 机场和周边的发展规划进行了噪声评估，结果表明为确保运行容量增长，应对环境进行有效管理和长期规划[71]。2014 年 ICAO 的 Doc10031 给出了环境评估方法框架，以及促进环境影响评估的具体方法和指标[72]。

国内的相关研究有：2012 年，何吉成根据中国民航统计部门数据，采用基于燃油消耗的排放因子法估算了 1980～2009 年中国民航飞机的大气污染物排放量，并分析了大气污染物排放强度及其变化[73]。2013 年，曹惠玲等基于高斯点源扩散公式积分得到线源扩散模型，再对线源扩散模型中的参数进行了修正，建立了飞机起飞着陆循环过程中的排放浓度模型[74]。2014 年，陈林采用政府间气候变化专门委员会(IPCC)提出的方法测算了 2005～2010 年我国航空运输和典型航空公司 CO_2 的排放量与排放强度，并提出了通过提高客座率和载运率等降低油耗和优化 CO_2 排放强度的若干措施[75]。

1.3　主要内容和章节安排

1.3.1　研究内容

本书面向国际空管研究热点与我国空管实际运行需求，综合应用空气动力学、航空气象学、运筹学、信息工程技术和计算机仿真技术等理论方法，深入研究绿色空中交通管理技术。通过分析航空器各飞行阶段运行特点及对机场周边空域环境的影响，建立机场环境容许交通量评估方法，重点针对机场场面、终端区和区域等空域单元，建立面向环境保护的各飞行阶段交通流优化模型与算法，并选取国内典型的空域单元进行实例验证，为缓解各飞行阶段航空器运行对环境的影响提供理论支持。本书的主要研究内容包括空中交通运行对环境影响分析、机场环境容许交通量评估方法、面向环境保护的场面运行优化方法、面向环境保护的终端区运行优化方法、面向环境保护的区域运行优化方法等五大方面，具体如下。

1.3.1.1　空中交通运行对环境影响分析

空中交通对环境的影响分析研究旨在剖析航空器运行过程对空域的影响，为后续其他研究内容的顺利开展奠定坚实的理论基础。通过分析大气特性和航空器运行特点，对航空器机场场面运行、终端区飞行和区域飞行等各阶段的环境影响进行定性分析，提出各飞行阶段环境影响的缓解措施。

1.3.1.2　机场环境容许空中交通量评估方法

机场环境容许空中交通量评估方法研究旨在客观准确地估计在特定污染物限度下的机场运行能力，为后续开展各飞行阶段交通流调配提供方法支持和数据参考。通过分析机场大气污染物扩散模式，建立机场污染气体浓度评估方法，并结合环境容量和空域容量概念建立机场环境容许交通量评估方法。

1.3.1.3   面向环境保护的场面运行优化方法

面向环境保护的场面运行优化方法研究旨在通过提升航空器机场场面运行效率来减少其对机场周边环境的污染程度，为本书研究的核心支撑部分之一。通过分析全发滑行、单发滑行和电子滑行三种不同滑行场景下航空器运行特点，在机场场面网络拓扑建模的基础上，建立基于多场景联合优化的航空器绿色滑行规划模型，并采用遗传算法对所建模型进行求解，以最小化航空器燃油消耗和污染气体排放。

1.3.1.4   面向环境保护的终端区运行优化方法

面向环境保护的终端区运行优化方法研究旨在通过提升航空器终端区飞行效率来减少其对机场周边及空域的环境污染程度，为本书研究的核心支撑部分之一。通过分析进离场航班终端区运行特点，引入扩展终端区概念，综合考虑环境、经济等优化目标，建立考虑燃油消耗、航空排放、噪声污染和航班延误等目标的终端区资源分配优化模型，使用多种环境影响缓解策略相结合的方法来优化终端区运行。

1.3.1.5   面向环境保护的区域运行优化方法

面向环境保护的区域运行优化方法研究旨在通过提升航空器区域飞行效率来减少其对高空空域的环境污染程度，为本书研究的核心支撑部分之一。通过分析区域扇区空中交通运行对环境的影响，结合航空器飞行冲突探测与解脱方法，建立综合考虑温室效应、燃油消耗和航班延误等目标的区域扇区飞行调配优化模型，确保高空区域空中交通的安全、高效和环保运行。

本书各主要研究内容之间的相互关系如图 1.2 所示。

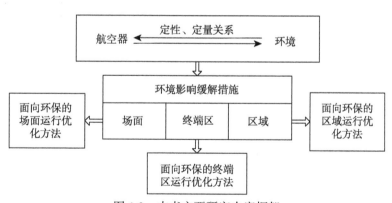

图 1.2   本书主要研究内容框架

1.3.2   章节安排

根据以上研究内容和技术路线，本书分为 7 章，各章节内容安排如下：

第 1 章为绪论，论述了本书的研究背景、研究目的和意义，综述了国内外相关领域的研究现状，阐述了本书的研究内容和章节安排。

第 2 章为空中交通对环境的影响分析，分析了大气特性、航空器飞行特性和发动机特性，研究了在飞行剖面不同阶段航空器运行对环境的影响，给出了场面运行、终端区飞行和区域飞行等飞行阶段的空中交通运行对环境影响的主要缓解措施。

第 3 章为机场环境容许空中交通量评估方法，根据飞机在 LTO 上的飞行特点，完善了机场污染物浓度评估方法，分析了机场污染物浓度影响机理，研究了机场空中交通流量与机场污染物浓度的关系，并给出了机场环境容许空中交通量的定义和确定方法，以上海浦东国际机场为例，对机场环境容许空中交通量进行了评估。

第 4 章为面向环境保护的场面运行优化方法，介绍先进的绿色场面滑行理念，探讨单发滑行和电子滑行与传统的全发滑行在燃油消耗、排放、运行流程等方面的不同，与场面路径优化技术相结合，建立以节能减排为目标的多场景场面运行优化模型，结合上海浦东国际机场场面运行实际，分析场面运行优化结果。

第 5 章为面向环境保护的终端区运行优化方法，引入扩展终端区概念，联合使用改航和进场点优化分配手段以及 CDA 进场方式，建立了以节能、减排和降噪为目的的终端区资源优化模型，并选取上海浦东国际机场为典型实例，对其优化效果及机场空域环境的影响进行了综合分析。

第 6 章为面向环境保护的区域运行优化方法，考虑区域运行中对环境影响较大的凝结尾现象，结合扇区飞行冲突探测与解脱策略，以减轻温室效应、节能和减排为目的，建立区域扇区飞行调配优化模型。以上海区域 20 号扇区为例分析各调配策略的使用对环境的影响。

第 7 章为总结与展望。总结本书的研究工作和主要结论，分析研究中存在的不足，指出进一步研究的方向。

第2章 空中交通对环境的影响分析

航空器实施的有组织、有计划的飞行活动形成空中交通。作为空中交通活动的主体——航空器在为人们提供安全、高效、快捷出行方式的同时，也不可避免地会对环境产生空气污染、噪声污染和温室效应等影响，其影响程度与航空器所处的大气条件、自身的飞行特性和所选择的运行方式密切相关。本章在国内外学者已有的研究基础上，结合大气特性和航空器飞行特性，深入分析航空器个体和所形成的空中交通流对环境的影响，并探讨主要的环境影响缓解措施。

2.1 大 气 特 性

飞机是在大气中航行的航空器，飞机所受的空气动力、发动机工作状态、对环境的影响都与大气密切相关。大气特性不仅影响飞机的燃油消耗、排放和噪声的产生，还影响排放的扩散、噪声的传播、凝结尾的形成和太阳的辐射，因此有必要首先了解大气的基本特性。

2.1.1 大气分层

大气主要包含三种成分：由多种气体混合而成的纯干空气、水蒸气以及尘埃颗粒。纯干空气含有78%的氮气和21%的氧气，余下的1%由二氧化碳、稀有气体(氦气、氖气、氩气、氪气、氙气、氡气)和水蒸气等各种气体组成。大气层的空气密度随高度而减小，高度越高空气越稀薄。大气层的厚度在1000千米以上，但没有明显的界线。大气层的底界为地面，整个大气层随高度不同表现出不同的特点，自下而上可分为对流层、平流层、中间层、暖层和散逸层五层。大部分飞机的巡航高度集中在8~13千米，因此主要在底部的对流层和平流层活动(图2.1)。

对流层中含有大量的水蒸气及其他微粒，有云、雨、雾、雪等天气现象。平流层位于对流层之上，其中臭氧浓度相对较高的部分形成臭氧层。臭氧层大多分布在距地面20~50千米的高空，其主要作用是吸收太阳光中对人类、动物及植物有害的短波紫外线辐射，并将其转换为热能加热大气。臭氧层对保护地球上的生命以及调节地球的气候都具有极为重要的作用。

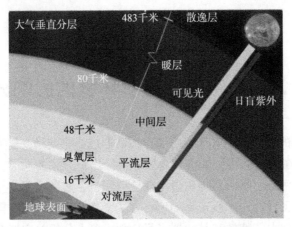

图 2.1　大气垂直分层示意图(后附彩图)

2.1.2　温室效应

　　温室效应是指透射阳光的密闭空间由于与外界缺乏热交换而形成的保温效应。大气温室效应为太阳短波辐射透过大气射入地面,地面增暖后发出的长波辐射被大气中的 CO_2 等物质所吸收,使得大气产生变暖的现象,如图 2.2 所示。适当的温室效应能使地球年平均气温维持在有利于人类生存的水平。

图 2.2　温室效应示意图(后附彩图)

　　温室气体是指大气中能吸收和释放辐射的气体。大气中重要的温室气体包括下列数种:水蒸气、CO_2、臭氧(O_3)、氧化亚氮(N_2O)、甲烷(CH_4)、氢氟氯碳化物类(CFCs,HFCs,HCFCs)、全氟碳化物(PFCs)及六氟化硫(SF_6)等,其中后三类气体产生温室效应的能力最强,但由于 CO_2 含量较多,对全球升温贡献的百分比也最大,约为55%。如果 CO_2 含量增加一倍,全球气温将升高 3~5℃,两极地区可能升高 10 摄氏度,气候将明显变暖[76]。

　　温室气体的增加对气候和生态系统的影响是一个复杂的问题。CO_2 增加虽然有利于绿色植物光合产物的增加,但它的增加引起的气温和降水的变化,会影响和改变气候生产潜力,从而改变生态系统的初级生产力和农业的土地承载力。这种因气候变化而对生态系统和农业产生的间接影响,可能大大超过二氧化碳本身对光合作用的直接影响。按照气候模拟试验的结果,二氧化碳加倍以后,可能造成热带扩展,副热带、暖热带和寒带缩小,寒温带略有增加,草原和荒漠的面积增加,森林的面积减少。二氧化碳和气候变化可能影响到农业的种植决策、品种布局和品种改良、土地利用、农业投入和技术改进等一系列问题。因此在制定国家的发展战略和农业的长期规划时,应该考虑到二氧化碳增加可能导致的气候和环境的变化背景。这个问题对于面临人口膨胀和人均资源贫乏两大压力的中国,显得尤为重要和紧迫。

2.2　航空器特性

民用飞机在执行飞行任务时,飞行路径会受空域结构、运行规则和航空器性能等限制。此外,飞机在各飞行阶段还会有不同的任务目标,本节从飞行剖面的定义出发,来对比分析在每个飞行阶段所体现的航空器特性。

2.2.1　飞行剖面

飞行剖面是指飞机为完成特定的飞行任务而形成的二维飞行航迹,表示飞机的飞行距离和飞行高度之间的对应关系。典型的飞行剖面可分为七个阶段:滑出、起飞、爬升、巡航、下降、着陆和滑入,如图 2.3 所示。由于飞机的滑出和滑入都在机场场面,因此可将这两个阶段合并为场面滑行部分。

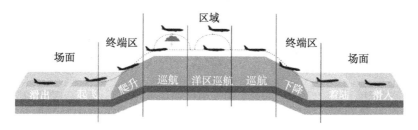

图 2.3　典型飞行剖面(后附彩图)

2.2.2　航空器飞行特性

2.2.2.1　场面运行阶段

场面运行阶段包含起飞和着陆的地面运动部分以及场面滑行部分。起飞和着陆的地面运动部分是指飞机在跑道上起飞滑跑和着陆滑跑的过程。场面滑行部分是指飞机在机场停机位与跑道之间沿滑行道运动的过程。

场面运行时,发动机产生的推力(T)主要用来克服飞机的气动阻力(D)和机轮与地面的滚动摩擦力(F),如图 2.4 所示。其中,W 为飞机重量,L 为飞机升力,D

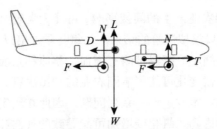

图 2.4　场面运行阶段中飞机受力分析图

为气动阻力。

　　起飞滑跑和着陆滑跑是飞机在整个飞行任务中地面运动与空中飞行的转换阶段。受跑道长度和跑道两端净空条件限制，起飞滑跑时飞机须尽快加速，飞机气动阻力也随着速度的增加而变大，因此需要发动机提供较大推力，通常将发动机设置为最大工作状态(TO/GA)，而着陆滑跑时飞机须尽快减速，所需发动机推力较小，甚至有时会使用反推来辅助飞机减速。飞机在场面滑行时，速度相对较小，所需发动机推力也较小，通常将发动机设置为慢车工作状态(IDLE)。飞机在整个场面运行阶段中须满足航空器性能、滑行路径、场面运行规则等要求。

2.2.2.2　空中运行阶段

　　空中运行阶段包含爬升、巡航、下降、起飞和着陆的空中运行部分。与场面运行阶段不同，空中运行阶段飞机与地面没有直接接触，因此只受到向下的重力、空气产生的升力、阻力和发动机产生的推力(或拉力)，受力分析如图 2.5 所示。

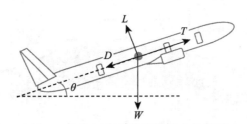

图 2.5　空中运行阶段飞机受力分析图

　　匀速飞行时，飞机的运动方程可表示为

$$\begin{cases} \dfrac{\mathrm{d}X}{\mathrm{d}t} - V\cos\theta = 0 \\ \dfrac{\mathrm{d}H}{\mathrm{d}t} - V\sin\theta = 0 \\ T - D - W\sin\theta = 0 \\ L - W\cos\theta = 0 \end{cases} \tag{2.1}$$

其中，θ 为飞机轨迹角，V 为飞机速度，X 为水平距离，H 为飞行高度。

为了便于操纵,飞机爬升过程中速度通常接近最快爬升方式的低空等指示空速(IAS)和高空等马赫数(M),如图 2.6 所示(250 节/300 节/0.8 马赫,250 节为 CCAR91 部规定的 10000 英尺以下的速度限制),发动机通常选取爬升工作状态。

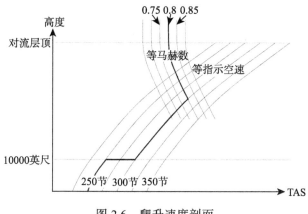

图 2.6　爬升速度剖面

飞机在巡航阶段通常按照给定的飞行速度保持平飞,发动机产生的推力仅须克服空气阻力,因此,在巡航阶段飞机发动机处于巡航工作状态。

下降阶段与爬升阶段类似,都是以选定的下降方式进行下降,通常也是采用高空等马赫数和低空等指示空速的爬升方式(如 0.8 马赫/300 节/250 节)。飞机下降阶段是一个不断减速的下降过程,该过程中重力沿下滑轨迹产生分量,此时只需较小的发动机推力,因此发动机处于下降工作状态。

2.2.3　发动机特性

民用飞机的发动机通常包括主发动机和辅助动力装置(APU),主发动机主要为飞行提供所需动力,APU 不仅可作为主发动机的启动机,还可在地面为飞机机载电器、引气机及其他设备提供电源和气源。发动机特性与工作状态密切相关。

2.2.3.1　主发动机

主发动机(简称发动机)是飞机的主要动力源,通常安装在机翼的下方或机身的上方,可分为活塞式、涡轮喷气式、涡轮螺旋桨式、涡轮风扇式。本书选取执飞航班任务中使用比例最高的涡扇发动机为研究对象,其主要包括进气装置、风扇、压气机、燃烧室、涡轮和排气装置等部件,通过燃油在燃烧室里与空气混合后产生高温气体,将化学能转化为热能和动能来获得飞行动力。

1) 工作状态

在不同的飞行阶段可根据需要调节发动机推力的大小。为了合理地使用发动机，在发动机从最大工作状态到最小允许连续工作状态之间，规定了几种常用的工作状态：

➤ 起飞/复飞状态(TO/GA)：发动机以最大转速工作，产生的推力最大。为保证涡轮可靠地工作，受高度和环境气温的限制，运行时间不超过 10 分钟。该状态常用于起飞、一发失效后的爬升或复飞等飞行阶段。

➤ 连续推力状态(CT)：该状态的转速比起飞状态的小，可以连续使用。通常在起飞的最后爬升段使用，或用于减推力起飞，产生的推力为最大推力的 85%～95%。

➤ 爬升工作状态(CL)：该状态常用于航路爬升，产生的推力为最大推力的75%～85%。

➤ 巡航推力状态(CR)：该状态下的燃料消耗率最小，飞行最经济，产生的推力为最大推力的 65%～75%。

➤ 慢车工作状态(IDLE)：该状态发动机处于能稳定工作的最小转速，其推力大约只有最大推力的 7%。

➤ 反推工作状态(reverse thrust)：发动机产生与飞机运动方向相反的作用力，可用于着陆时减小着陆滑跑距离。

在每个阶段由于飞行特性不同，飞机的发动机状态设置也有所不同。ICAO 附件 16 中在定义 LTO 时给出各阶段推力大小，如表 2.1 所示，其中 T_R 表示发动机额定推力，也就是最大推力[77]。

表 2.1　ICAO 附件 16 中不同飞行阶段对应的发动机推力值

飞行阶段	推力值 T_R/%
滑出	7
起飞	100
离场/爬升	85
巡航	65
下降	30
着陆	−30

2) 燃油消耗

飞机发动机只要处于开启状态就会消耗燃油，单位时间内发动机所消耗的燃油量为燃油流率，又称小时燃油消耗量。

飞机主发动机的燃油消耗量(F_W)可表示为

$$F_W = FF \cdot \Delta t \cdot N = C_e \cdot T \cdot \Delta t \cdot N \tag{2.2}$$

其中，FF 为燃油流率，Δt 为飞行某阶段的持续时间，N 为发动机数量，C_e 为燃油消耗率，T 为飞机推力。

实际飞行中为满足各阶段飞行需求，飞机推力与飞行所处的阶段、飞机的构型、飞行速度和大气特性等因素相关。

地面运动时，飞机发动机产生的推力为

$$T = \left(C_D - \mu C_L\right)\rho V^2 S + W\left(\mu + \frac{1}{g}\cdot\frac{dV}{dt}\right) \tag{2.3}$$

其中，C_D 为飞机阻力系数，C_L 为飞机升力系数，C_D 和 C_L 的大小与飞机类型、飞行轨迹和飞机姿态等参数相关，μ 为地面摩擦系数，V 为飞机速度，ρ 为飞机飞行高度上的大气密度，S 为飞机机翼面积，g 为重力加速度。

巡航时，飞机发动机产生的推力为

$$T = W\left(\frac{C_D}{C_L} + \frac{1}{g}\cdot\frac{dV}{dt}\right) \tag{2.4}$$

其中，巡航时 $C_L = 2W/\rho V^2 S$。

爬升和下降时，飞机发动机产生的推力为

$$T = W\left(\frac{\cos\theta\cdot C_D}{C_L} + \sin\theta + \frac{1}{g}\cdot\frac{dV}{dt}\right) \tag{2.5}$$

其中，θ 为飞机轨迹角，爬升时为上升角，下降时为下降角。

2.2.3.2　辅助动力装置

APU 为机载辅助动力源，其核心部分是一个小型的涡轮发动机，大部分是专门设计的，也有一部分由涡桨发动机改装而成，一般装在机身最后段的尾锥之内，在机身上方垂尾附近开有进气口，排气直接由尾锥后端的排气口排出。涡轮发动机前端除正常压气级外，还装有一个工作压气级，它向机身前部的空调组件输送高温的压缩空气，以保证机舱空调系统工作的同时还带动一个发电机，可以向飞机电网送出 115V 的三相电流。APU 有自己单独的启动电动机，由单独的电池供电，有独立的附加齿轮箱、润滑系统、冷却系统和防火装置。它的燃油来自飞机上总的燃油系统。APU 的作用是向飞机独立地提供电力和压缩空气，也有少量的 APU 可以向飞机提供附加推力。飞机在起飞前，由 APU 供电来启动主发动机；在地面时 APU 提供电力和压缩空气，保证客舱和驾驶舱内的照明和空调，确保旅客的舒适；在起飞阶段使主发动机功率完全用于地面加速和爬升，改善起飞性能；空中飞行时，APU 可保障发动机空中停车后再启动；降落后，仍由 APU 供应电力照明和空调，可提早关闭主发动机，从而在一定程度上节省燃油，降低噪声[78]。因此，APU 对于提高飞行安全和经济效益具有重要意义，已成为大型飞机必不可少的关键设备。

1) 工作状态

APU 在工作时，主要使用三个工作状态：

➤ 主发动机启动状态(HL)：APU 的最大工作状态，输出动力最大，在启动飞机主发动机时使用。

➤ 正常使用状态(NL)：在飞机推出和推入过程中，APU 所处的正常运转工作状态。

➤ APU 启动状态(NOL)：APU 的最小工作状态，输出动力最小，在 APU 启动时使用。

2) 燃油消耗

APU 与主发动机相同，也是一台涡轮发动机，同样需要消耗燃油，与飞机主发动机相比，虽然燃油流率较小，但燃烧效率相对较低，单位功率供油量和噪声都相对较大。

APU 的燃油消耗量 F_W^{APU} 可表示为

$$F_W^{APU} = FF_{APU} \cdot \Delta t_{APU} \tag{2.6}$$

其中，FF_{APU} 为 APU 的燃油流率，见附录一，Δt_{APU} 为 APU 的使用时间。

除飞机主发动机和 APU 外，飞机其他动力系统、地面保障设备、相关基础设施和飞行区地面交通设备也会消耗能源排放污染，这些污染源可能包括如下几种。

➤ 地面保障设备，有地面动力装置、拖车、行李车、加油设备、除冰设备、客梯车、摆渡车、扫雪车等；

➤ 相关基础设施，有建筑、灯光、飞机清洁、维修设备等；

➤ 飞行区地面交通设备等。

2.3　航空器对环境的影响

飞机在发动机消耗大量燃油的同时，对周围的环境主要产生排放污染和噪声污染。飞机排放到空中的大量废气、废热和污染粒子，会影响全球气候变化，对人类健康构成威胁。发动机运转、空气流过飞机表面产生的噪声，不仅影响人体健康，而且影响房屋价格、建筑结构和动物活动等。

2.3.1　航空排放

飞机使用航空燃油来驱动发动机，航空燃油分为两大类：航空汽油和航空煤油。航空燃油为化石燃料，主要由不同馏分的烃类化合物组成，烃类化合物的基本元素包括碳(C)、氢(H)、氮(N)、硫(S)等，航空燃油在燃烧室与空气混合燃烧后生成的气体包含：燃油完全燃烧产生的气体 O_2、N_2、CO_2、H_2O 和 SO_2，燃油不完全燃烧

产生的气体 NO_x、CO、SO_x、HC 及总悬浮颗粒物等。

根据航空排放对环境影响的不同，可以将航空排放分为低空排放和高空排放。低空排放主要指在 LTO 周期内，即地面以上至 915 米(3000 英尺)低空范围内，航空器排放的一氧化碳(CO)、未燃烧的碳氢化合物(HC)、氮氧化物(NO_x)和烟雾等物质。但低空排放中的有害气体会对近地面空气质量产生影响，可能损害周边人群健康。高空排放是指航空器在 8～13 千米高空巡航时，燃油燃烧排放的 CO_2、水蒸气、NO_x 和煤烟颗粒等物质。其中，CO_2 的排放量约占高空排放总量的 70%。

2.3.1.1　温室气体

温室气体通过吸收和释放辐射来影响气候变化。航空排放中的温室气体主要包括 CO_2、NO_x、氯化物等。

CO_2 是空气中常见的化合物，常温下为无色无味气体，密度比空气大，能溶于水，与水反应生成碳酸，不支持燃烧，能强烈吸收地面增暖后发出的长波辐射，具有保温作用。CO_2 由于含量较多，被认为是加剧温室效应的主要来源。如果 CO_2 含量增加一倍，全球气温将升高 3～5 摄氏度，两极地区可能升高 10 摄氏度，气候将明显变暖。

飞机运行时消耗燃油后 CO_2 气体的排放量可表示为

$$E_{CO_2} = EI_{CO_2} \cdot F_W \tag{2.7}$$

其中，EI_{CO_2} 为 CO_2 的排放指数，航空燃油的 EI_{CO_2} = 3.155 千克/千克[79,80]。飞机消耗的燃油量越多，排放的 CO_2 量也越多，两者呈线性变化关系。

影响气候变化的温室气体除 CO_2 外，还有其他气体，如图 2.7 所示，飞机排放的 NO_x 在阳光作用下影响臭氧层，导致气候变化；飞机排放的 SO_3 很快会转化为硫酸盐颗粒，与大气中的氯化物结合形成强烈的化合物，严重破坏臭氧层，引起气候变化；飞机排放的水蒸气和烟尘颗粒，会形成凝结尾，且烟尘颗粒会吸收太阳热量，导致气温升高。

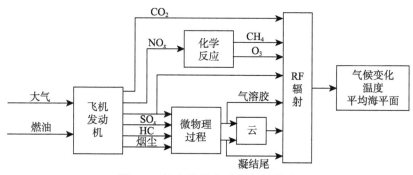

图 2.7　航空排放和对气候的影响

2.3.1.2 控制排放物

根据 ICAO 附件 16 中关于航空器排放物的相关规定：航空器发动机需要控制的排放物有 HC、CO 和 NO_x，在使用时须考虑其对环境的影响。三种控制排放物对环境的影响如下。

(1) HC。HC 成分复杂且变化很大，其中大部分成分不会对人类健康构成威胁，但其中的多环芳香烃为致癌物质，当在空气中达到一定浓度时，会和 NO_x 发生反应，产生的光化学烟雾对人的呼吸系统和眼睛有刺激作用，对人体健康造成的危害很大。

(2) CO。CO 是无色、无味气体，被吸入人体后极易与血红蛋白结合生成碳氧血红蛋白，使得碳氧血红蛋白不能提供氧气，使人缺氧，严重时死亡。中、重度 CO 中毒患者有神经衰弱、震颤麻痹、偏瘫、偏盲、失语、吞咽困难、智力障碍或中毒性精神病症状。

(3) NO_x。被称为空气污染物的 NO_x 常指 NO 和 NO_2，高温燃烧后 NO_x 主要为 NO，约占 95%。但 NO 极易与 O_2 发生反应生成 NO_2，因此在大气中 NO_x 普遍以 NO_2 的形式存在。NO_x 会刺激肺部，使人类降低对呼吸系统疾病的抵抗力，尤其是有呼吸系统疾病的(如哮喘病)患者，更易受 NO_2 影响。NO_x 还可能造成儿童的肺部发育受损。

在温度较大或有云雾存在时，NO_2 会进一步与 H_2O 作用形成硝酸(HNO_3)，硝酸为酸雨中的第二重要酸分，如果 NO_2 与 SO_2 同时存在，会相互催化快速形成硝酸。酸雨导致土壤酸化、营养流失，危害森林植物、破坏绿化以及腐蚀城市建筑物。

此外，飞机在平流层飞行时，NO_x 达到一定浓度后会与平流层内的 O_3 发生反应，生成 NO 与 O_2，NO 再与 O_3 进一步反应生成 NO_2 和 O_2，使得 O_3 层损坏，导致地球表面紫外线明显增加，给人类健康和生态环境带来影响。

2.3.1.3 总悬浮颗粒物

总悬浮颗粒物，又称尘，目前已引起人们重视的总悬浮颗粒物(total suspended particulate, TSP)主要包括 PM10 和 PM2.5 两类。PM10 是指空气动力学当量直径小于等于 10 微米的颗粒物，称为可吸入颗粒物；PM2.5 是指空气动力学当量直径小于等于 2.5 微米的颗粒物，称为可入肺颗粒物。PM10 和 PM2.5 是监测环境空气中相应颗粒物的浓度，值越高就代表空气污染越严重。虽然 PM2.5 只是地球大气成分中含量很少的组分，但它对空气质量和能见度等有重要的影响。与较粗的大气颗粒物相比，PM2.5 粒径小，面积大，活性强，易附带有毒、有害物质(如重金属和微生物等)，但空气中若没有 PM2.5，便无法形成凝结核，也不会有降水，所示其数据保持在一个合理的范围内即可。航空燃油不完全燃烧会产生大量 PM10 和 PM2.5，其成分复杂，富含大量的有毒、有害物质，且在大气中的停留时间长、输送距离远，对空气质量和能见度等有重要的影响。

在 LTO 中，不同机型(或发动机)在不同运行阶段的排放强度不同，每个阶段的排放量与阶段运行时间成正比。在滑行/空转阶段，发动机以低功率运转，是 HC 和 CO 排放的主要阶段，考虑减少 HC 和 CO 排放的主要措施是减少飞机的滑行/空转模式的时间。发动机功率低或燃烧温度低的阶段，NO_x 排放强度也较低，但是随着功率增大、温度升高，NO_x 排放强度也增大，在起飞和爬升阶段 NO_x 排放强度最大。颗粒物主要是燃料的不完全燃烧形成的，在发动机低功率运行时排放速率高于在高功率运行阶段。在起飞和爬升阶段燃油消耗速度最快，颗粒物排放速率也最高。

2.3.1.4　凝结尾

发动机排放的高温气体与环境空气相遇，气体中的水蒸气超过给定临界值时，就会凝结成小冰晶，小冰晶飘浮在空中形成白色的固态漂浮物即为凝结尾。凝结尾的形成取决于环境中空气的温度、湿度和气压。

凝结尾像自然形成的云一样，一方面将太阳能量反射回太空、冷却地球，另一方面将地球表面的红外能量阻隔在大气中，加剧气候变暖，如图 2.8 所示。研究表明，凝结尾使气候变暖的效果比冷却更为显著，会加剧温室效应。

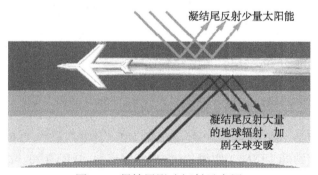

图 2.8　凝结尾影响辐射示意图

飞机在飞行过程中，只要开启发动机就会排放气体，而凝结尾的形成须满足一定的湿度和温度条件，一般在海拔 8000 米以上，温度低至−40 摄氏度时会形成凝结尾，因此，在高空飞行时气温较低更容易生成凝结尾，巡航阶段为最可能生成凝结尾的飞行阶段。研究表明，冬季飞行比夏季飞行更容易形成凝结尾，夜间飞行因气温较低所形成的凝结尾产生的温室效应相对更大，日间飞行形成的凝结尾产生的温室效应只占 25%，而夜间飞行却占到了 60%~80%[81]。

2.3.1.5 排放指数

气体排放指数是指消耗单位质量的燃油所排放出的气体质量。各气体的排放量与气体排放指数和燃油消耗量相关。由于各飞行阶段发动机的转速和燃烧室的温度存在差异，各种气体的排放指数随飞行状态而变化，因此 HC、CO、NO_x 等控制排放物和 TSP 在每个飞行阶段的排放量也有所不同。

HC、CO、NO_x 等控制排放物的排放量(E_i)可表示为

$$E_i = EI_i \cdot F_W \tag{2.8}$$

其中，EI_i 为气体 i 的排放指数。

HC 气体的排放指数(EI_{HC})和 CO 气体的排放指数 (EI_{CO})在飞行状态的变化规律相同，通常发动机在慢车状态下的 EI_{HC} 和 EI_{CO} 最大，起飞工作状态下的 EI_{HC} 和 EI_{CO} 最小，两个状态下的 EI_{HC} 和 EI_{CO} 相差几倍到几十倍，甚至可能达到几百倍，表 2.2 给出了四种常用机型配备典型发动机时，不同飞行阶段的 EI_{HC} 和 EI_{CO} 值。

NO_x 气体排放指数(EI_{NO_x})在飞行状态的变化规律与 EI_{HC} 和 EI_{CO} 正好相反，通常在慢车工作状态最小，而在起飞工作状态最大，如表 2.2 所示。

表 2.2　常用机型配备典型发动机的各气体排放指数（单位：克/千克）

机型 (发动机型号)	B737 (CFM56-7B26)			A320 (CFM56-5A1)			A340 (CFM56-5C4)			B747 (PW4056)		
排放指数	EI_{HC}	EI_{CO}	EI_{NO_x}	EI_{HC}	EI_{CO}	EI_{NO_x}	EI_{HC}	EI_{CO}	EI_{NO_x}	EI_{HC}	EI_{CO}	EI_{NO_x}
起飞	0.10	0.20	28.80	0.23	0.9	24.6	0.008	1.00	37.67	0.06	0.44	28.1
爬升	0.10	0.60	22.50	0.23	0.9	19.6	0.008	0.85	29.05	0.01	0.57	22.9
下降	0.10	1.60	10.80	0.40	2.5	8.0	0.065	1.40	10.67	0.13	2.00	11.6
慢车	1.90	18.80	4.70	1.4	17.6	4.0	5.00	30.93	4.28	1.92	21.86	4.8

TSP 主要包括不挥发 TSP、挥发硫化物 TSP、挥发有机物 TSP 等，其中不挥发 TSP 与飞机排放的烟尘(SN)、空燃比(AFR)和涵道比(BPR)有关。

不挥发 TSP 的 EI_{TSPnv} 可表示为

$$EI_{TSPnv} = CI \cdot Q \tag{2.9}$$

$$CI = \begin{cases} 0.06949(SN)^{1.234}, & SN \leqslant 30 \\ 0.0297(SN)^2 - 1.803(SN) + 31.94, & SN > 30 \end{cases} \tag{2.10}$$

$$Q = 0.776(AFR) + 0.877 \tag{2.11}$$

其中，AFR 的值与发动机状态有关，参考值见表 2.3。

挥发硫化物 TSP 的 $EI_{TSPvol\text{-}FSC}$ 可表示为

$$\text{EI}_{\text{TSPvol-FSC}} = \frac{P_{\text{FSC}} \cdot \varepsilon \cdot \text{MW}_{\text{out}}}{\text{MW}_{\text{S}}} \times 10^3 \tag{2.12}$$

其中，P_{FSC} 为航空燃油硫含量，ε 为燃油硫转换率，MW_{out} 为 SO_4^{2-} 的分子量，MW_{S} 为 S(硫)元素的分子量。

挥发有机物 TSP 的 $\text{EI}_{\text{TSPvol-Fuel Organics}}$ 可表示为

$$\text{EI}_{\text{TSPvol-Fuel Organics}} = \sigma \cdot \text{EI}_{\text{HC}} \times 10^{-3} \tag{2.13}$$

其中，σ 为发动机的挥发有机物 TSP 排放指数和 HC 排放指数的比值，在不同发动机状态下为定值，如表 2.4 所示。

表 2.3 ICAO 的 AFR 参考值	
发动机状态	AFR
7%	106
30%	83
85%	51
100%	45

表 2.4 发动机不同状态下的 σ 值	
发动机状态	σ /(毫克/克)
慢车	6.17
下降	56.25
爬升	76
起飞	115

2.3.2 飞机噪声

噪声是发声体做无规则振动时发出的声音，是一种会引起人烦躁或音量过强而危害人体健康的声音。噪声若长期作用于人的中枢神经系统，可使大脑皮质的兴奋和抑制失调，条件反射异常，出现头晕、头痛、耳鸣、多梦、失眠、心慌、记忆力减退、注意力不集中等症状，严重者可产生精神错乱。噪声对儿童的智力发育也有不利影响，心脑功能发育都会受到不同程度的损害，智力发育水平要比安静条件下成长的儿童低 20%。此外，噪声还会影响植物生长，甚至导致死亡[82]。

飞机噪声主要包含发动机运转噪声、排气噪声、风扇噪声和与空气接触形成的附面层噪声，可能带来的影响有：

(1) 使机身产生声疲劳，影响飞机的使用寿命和飞行安全；

(2) 影响飞机上设备的正常工作、旅客的舒适和安全；

(3) 对机场地面工作区和机场附近的居民区造成噪声污染。

目前，不同国家和组织对机场噪声的评价采用不同的指标，ICAO 缔约国常采用的噪声指标如表 2.5 所示。

表 2.5 中 L_{D}、L_{E} 和 L_{N} 都为等效连续 A 声级，L_{D} 为日间时段 07:00～19:00 的等效连续 A 声级，L_{E} 为傍晚时段 19:00～23:00 的等效连续 A 声级，L_{N} 为夜间时段 23:00～07:00 的等效连续 A 声级，美国对于傍晚和夜间的时间分割点定义为 22:00；

$L_{\text{EPN}ij}$ 为机型 i 在飞行轨迹 j 上形成的有效感觉噪声级，$n_{\text{D}ij}$ 为日间时段 07:00～22:00 的飞机数，$n_{\text{N}ij}$ 为夜间时段 22:00～07:00 的飞机数；L_{P} 为最大 A 计权声压级；$\overline{L}_{\text{EPN}}$ 为平均有效感觉噪声级，N_1 为日间时段 07:00～19:00 的飞机数量，N_2 为傍晚时段 19:00～23:00 的飞机数量，N_3 为夜间时段 23:00～07:00 的飞机数量。

表 2.5　噪声指标

指标	指标名称	计算公式
L_{Aeq}	等效连续 A 声级	$L_{\text{Aeq}} = 10 \times \lg\left[\dfrac{1}{t_{\text{eq}}}\int_0^{t_{\text{eq}}} 10^{L_{\text{A}}(t)/10}\mathrm{d}t\right]$
L_{DEN}	日夜噪声级	$L_{\text{DEN}} = 10 \times \lg\left\{\dfrac{1}{24}\times\left[12\times10^{L_{\text{D}}/10} + 4\times10^{(L_{\text{E}}+5)/10} + 8\times10^{(L_{\text{N}}+10)/10}\right]\right\}$
L_{DN}	日夜平均噪声级	$L_{\text{DN}} = 10 \times \lg\left\{\dfrac{1}{24}\times\left[15\times10^{L_{\text{D}}/10} + 9\times10^{(L_{\text{N}}+10)/10}\right]\right\}$
NEF	噪声暴露预报	$\text{NEF} = 10\times\lg\sum_i\sum_j 10^{\text{NEF}_{ij}/10}$ $\text{NEF}_{ij} = L_{\text{EPN}ij} + 10\times\lg\left(n_{\text{D}ij} + 16.67n_{\text{N}ij}\right) - 88$
ANEF	澳洲噪声暴露预报	$\text{ANEF} = 10\times\lg\sum_i\sum_j 10^{\text{ANEF}_{ij}/10}$ $\text{ANEF}_{ij} = L_{\text{EPN}ij} + 10\times\lg\left(n_{\text{D}ij} + 4n_{\text{N}ij}\right) - 88$
B	噪声暴露指数	$B = 20\times\lg\sum_i\left[n\times10^{L_{\text{P}}/15}\right] - 157$
WECPNL	计权等效连续感觉噪声级	$\text{WECPNL} = \overline{L}_{\text{EPN}} + 10\times\lg\left(N_1 + 3\cdot N_2 + 10N_3\right) - 39.4$

我国参照 ICAO 使用计权等效连续感觉噪声级(WECPNL)[83,84]作为噪声指标，该指标考虑了噪声的频谱特性和持续时间。同时，飞机噪声大小和影响区域与飞机类型、飞行时段、机场位置、跑道布局、发动机工作状态和飞行方式等密切相关。飞机的起飞、离场、进场和着陆飞行阶段因飞行高度较低，对附近居民的影响尤其值得关注。

2.4　环境影响缓解措施

根据以上分析可知，飞机在各个飞行阶段对环境影响的侧重点不同。飞机在3000 英尺以下排放的控制排放物和颗粒物会影响机场附近的空气质量，在 10000英尺以下会产生噪声污染，在巡航高度上，可能形成凝结尾产生温室效应，在所有飞行高度范围内，都会消耗燃油和产生 CO_2 等温室气体。飞机对环境产生的影响与高度层的关系如图 2.9 所示。因此，要缓解飞机对环境的影响，达到节能(节省燃油消耗)、减排(减少污染物的排放)和降噪(降低航空噪声)的目的，就必须针对各飞行阶段的飞行特点采取不同的缓解策略。

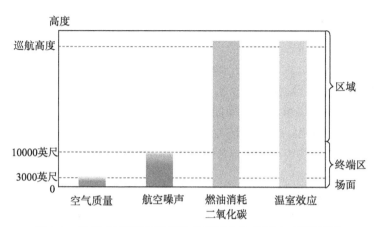

图 2.9　飞机在不同飞行高度对环境产生的影响(后附彩图)

2.4.1　场面运行阶段

场面运行阶段包括场面阶段和起降阶段。其中，场面阶段主要指飞机在机场飞行区地面运动的阶段，包含停机位和滑行道区域的运动过程。飞机发动机在该阶段处于慢车工作状态，主要的环境影响有飞机的燃油消耗和气体排放。因此，可采取的缓解措施如下。

(1) 场面拥塞管理。从运行优化的角度考虑，在现有的机场场面设施条件下，改变场面运行方式，采用控制推出率等手段使飞机在停机位等待，以减少场面拥塞现象。

(2) 场面滑行路径优化。优化进、离场飞机在场面滑行的运动路径，以减小飞机滑行时间或者滑行距离。

(3) 其他滑行动力方式。采用单发滑行、APU 滑行和牵引车滑行等方式代替飞机全发启动滑行。

前两种措施的主要目的是通过优化减小飞机延误，提升机场场面运行效率。在优化航班流的同时缩短了飞机场面滑行时间，减少场面运行过程中发动机的开启时间，以达到节能减排的目的。这些措施是建立在现有的运行条件上的，不需要额外的空中交通管制设备，仅须对运行数据处理分析即可获得优化结果。最后一种措施使用替代动力减少主发动机开启时间来减小燃油消耗和气体排放。在场面运行过程中，可用该方法与场面拥塞管理、场面滑行路径优化相结合的共同作用减小环境影响。

此外，飞机在跑道上起飞和着陆的运动阶段为起降阶段，主要使用的空域单元为跑道。飞机起飞阶段发动机工作状态最大，燃油流率也最大。与场面阶段类似，起降阶段主要的环境影响有飞机的燃油消耗和气体排放。可采取的缓解措施有如下几种。

(1) 全跑道使用。利用跑道全长进行起飞，延长飞机起飞距离，可减小起飞时的发动机状态，从而节省燃油，减少气体排放。

(2) 减推力起飞。在保证安全的情况下，根据飞机实际起飞重量，准确计算减推力起飞的推力值，灵活调整发动机起飞推力状态以减小燃油消耗和气体排放。此外，还可以延长发动机寿命以及降低维修成本。

(3) 跑道运行优化。对进离场飞机的跑道使用时隙进行优化分配，还可采取大飞机优先起飞、设计绕滑、建立等待区等策略优化跑道使用，可减小飞机的空中飞行时间、滑行时间或滑行距离。

在所有的飞行阶段中，飞机起飞着陆过程占总飞行时间的比例最小，且飞机飞行参数变化较大，若局限于从飞机起飞和着陆两个阶段的飞行过程来减小对环境影响，能够优化的空间有限，起降阶段的缓解措施需要结合其他飞行阶段的措施共同优化来达到缓解环境影响的效果，同时也可提升跑道容量以及减小飞机延误。

2.4.2　终端区飞行阶段

飞机终端区飞行阶段包括离场和进场，该阶段除消耗燃油和排放气体外，还可能会飞越机场附近居民区，对居民产生噪声影响。可采取的缓解措施有如下几种。

(1) CDA 或最优剖面下降 (optimal profile decent，OPD)。CDA 对飞机的垂直剖面进行优化(图 2.10)，使飞机在低空飞行的高度层使用减小，主要用来减小飞机噪声。OPD 在 CDA 的基础上还考虑了水平轨迹和速度的优化，可同时减少燃油的消耗。

(2) 大角度下降。推后飞机下降点的位置，采用大角度下降，减少飞机在空中的飞行时间，从而减小了噪声，但该方法需要对下降轨迹做安全运行分析。

(3) 延迟减速进近(DDA)。推后飞机最后进近速度的减小时机，飞机尽量以光洁形态飞行，阻力更小，所需推力也可相应减小，可减小燃油消耗、排放和噪声。该方法的实施可能会导致容量下降，并且需要修改管制程序来配合大速度进近。

(4) 优化飞行程序。考虑航空器性能、导航和空域限制等因素优化离场航线或者使用 RNAV/RNP 程序，可以更精确、更灵活地飞行，以达节能、减排和降噪的目的(图 2.11)。

(5) 航路等待方式。建立在准确预测交通流分布情况的基础上，若飞机需要在终端区等待进场，因航路飞行阶段可使其在航路阶段等待来吸收终端区延误，从而减小延误和排放。

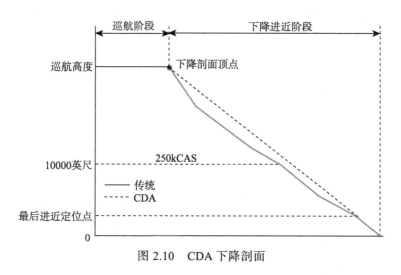

图 2.10　CDA 下降剖面

(6) 持续爬升(continue climb, CCL)/最大爬升率离场。飞机在终端区离场阶段采用持续爬升或最大爬升率上升的离场方式，可减小飞机在低空飞行的高度层使用，或在最短的时间内上升到指定高度来减小噪声污染，同时减小燃油消耗和气体排放。

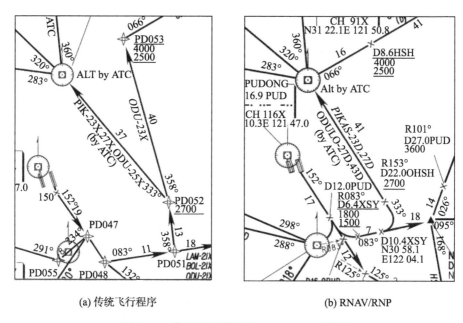

(a) 传统飞行程序　　　　　　　　　　　(b) RNAV/RNP

图 2.11　传统飞行程序和 RNAV/RNP 示例

(7) 发动机状态调整。飞机起飞后在噪声敏感区域减小发动机转数，经过该区域后再增加发动机转数以实现飞机爬升，可减小特定区域的噪声污染，但有可能会导致燃油消耗和气体排放的增加。

进场阶段和离场阶段是紧密相关和相互影响的两个飞行过程。通常在空中交通流量管理过程中，将进场、离场加上起降阶段整合为终端区飞行阶段，整体考虑各空域单元和管制规则的限制来优化终端区运行，因此，所采用的环境缓解措施也应综合考虑两者的相互作用。

2.4.3　区域飞行阶段

飞机在巡航阶段飞行，因飞行高度较高并且发动机巡航推力状态的推力相对较小，所以对飞行轨迹下方的噪声影响较弱，但在高空飞行时，大气气温、相对湿度和大气压力可能会导致凝结尾的产生，会衍生出新的温室效应。巡航阶段对环境的影响主要考虑燃油消耗、气体排放和凝结尾，可采取的缓解措施有如下几种。

(1) 减小水平间隔(RHSM)。在精确导航基础上，飞机在巡航阶段可减小不必要的机动飞行，还可使用高速平行航路，减少飞机的延误，同时可减小燃油消耗。该措施可达到提升容量、减小延误和减少燃油消耗的目的，但需要改变现有的航路结构、额外的飞机装备，并进行安全分析。

(2) 飞行轨迹预测。准确预测飞机的 4D 飞行轨迹，可减于容量受限或天气因素导致的飞机延误，进而减小飞机的燃油消耗。

(3) 爬升巡航和阶梯巡航。飞机在巡航时，飞机的燃油里程与飞机重量相关。随着飞行中燃油的消耗，飞机的重量不断减轻，燃油里程最小的最佳巡航高度会逐渐升高。如果要始终保持在最佳巡航高度，则飞机在巡航阶段须持续爬升，但这种飞行方式会增加管制员和飞行员的工作负荷、减小空域的使用率。采取阶梯巡航方式，可在略微增加燃油消耗量的同时，获得较好的巡航性能，爬升巡航和阶梯巡航示意图见图 2.12。

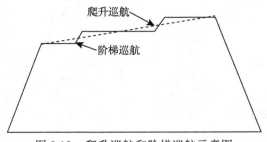

图 2.12　爬升巡航和阶梯巡航示意图

(4) 最佳巡航速度。飞机一般采用等指示空速和等马赫数进行巡航。燃油消耗最小时对应的巡航速度为最大航程巡航(MRC)马赫数，考虑综合成本，航空公司通常会采取比 MRC 更大的远程巡航(LRC)马赫数来飞行。若减小飞行速度，可以获得更小的燃油消耗和排放。

(5) 巡航高度选择。考虑凝结尾的形成条件，根据天气预报情况，避免选择凝结尾易形成的巡航高度进行巡航，可减小温室效应。

巡航阶段采用的环境影响缓解措施是优化飞机的垂直方向和水平方向的飞行轨迹、飞行方式和飞行参数，选择巡航时飞机使用的最佳飞行速度、飞行高度和飞行路径，以节能、减排和降噪。

飞机爬升阶段为连接离场阶段和巡航阶段的飞行过程，该阶段的主要任务为增加飞行速度和飞行高度，与离场阶段的飞行特性类似，若要减小爬升阶段的环境影响，可采用与离场阶段类似的措施来选择飞机爬升方式和飞行速度。

飞机下降阶段为连接巡航阶段和进场阶段的飞行过程，该阶段的主要任务为减小飞行速度和飞行高度，与进场阶段的飞行特性类似，因此可采用进场阶段的缓解措施来选择飞行剖面和飞行速度，以减小下降阶段的环境影响。

上升阶段和下降阶段在空中交通管制中因其飞行高度相对较高，同属于航路或区域飞行阶段，且上升阶段和下降阶段由巡航阶段相连，在空中流量管理过程中将三个阶段连接起来考虑，为航路飞行或扇区飞行阶段进行优化，与终端区飞行类似，可整合各项缓解措施来减小环境影响。

2.4.4　其他措施

除针对每个飞行阶段的飞行特性提出的环境影响缓解措施之外，在流量管理辅助手段上可给予管理运行环境上的制度和技术支持，可采取以下措施：

(1) 协调工具使用。建立信息共享工具、飞行计划实时信息传输数据链，使信息使用各部门可及时获得更改后的航班信息，加强航空公司和空中交通管制之间的协调。

(2) 优化排序辅助工具。可研发场面运行、终端区飞行和航路飞行优化排序工具，提高时隙使用效率，减小燃油消耗和排放。

(3) 极地航线优化。同样的飞行活动在极地范围产生的环境影响要比在其他地区产生的大很多，减小飞机在极地飞行的区域也可减小对气候的影响，但可能导致更多的燃油消耗。

2.5　本 章 小 结

本章分析了与飞行活动密切相关的大气特性，使用物理学和空气动力学基本概念剖析了航空器在飞行剖面各阶段的飞行特性，并阐述了与飞行特性相对应的飞机主发动机和 APU 的工作状态及燃油消耗特性；结合大气特性、飞行特性和燃油消耗特性，从航空排放和航空噪声等角度分析了航空器飞行对环境的影响，在此基础上，针对各飞行阶段的空中交通运行特点，从节能、减排和降噪的目的出发，详细论述了可行的环境影响缓解措施，为制订具体的环境影响缓解策略提供参考。

第3章　机场环境容许空中交通量评估方法

对机场服务能力进行全面、准确地评估，有利于安全、合理地利用机场资源。机场容量是衡量机场服务能力的重要指标之一，目前主要是通过对机场各空域单元的物理结构、管制运行环境和管制员工作负荷等评估得到。随着空中交通量的迅速增加和人们环保意识的增强，人们对空中交通所产生的环境影响日益关注，尤其是需要控制机场航空活动排放的污染气体浓度，以保障机场及附近的生态环境稳定和人类生活健康。本章借鉴已有的污染物扩散模型，建立机场污染物排放浓度评估模型，并对其影响因素进行分析，建立污染物浓度与飞行流量之间的关系，提出机场环境容许空中交通量的定义和评估方法。

3.1　机场大气污染物多源扩散模式

大气中污染气体的浓度与污染气体的稀释和扩散过程有关，该过程取决于湍流、风、温度、降水和大气稳定度等因素，因此，大气污染程度与大气条件密切相关。

ICAO 使用 LTO(图 3.1)。来规范飞机污染气体排放，从图 3.1 中可见，LTO 包含了滑出、起飞、着陆、滑入和部分爬升和下降过程。

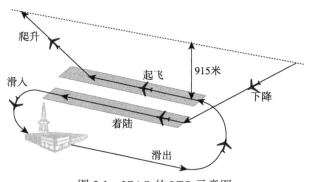

图 3.1　ICAO 的 LTO 示意图

飞机排放的污染气体在大气中扩散，在不同的地理位置形成的污染气体浓度也不同。因此，除大气条件外，评估点的污染气体浓度还与评估点与飞机的距离、飞机污染气体排放指数和大气扩散模式密切相关。

目前用于描述大气扩散模式的有高斯模式[85-87]和拉格朗日模式[88,89]等，其中高斯模式为半经验型扩散模式，污染气体扩散浓度符合正态分布，被广泛用于各尺度的研究领域。ICAO 的 Doc9889 文件中也将高斯模式作为机场污染物评估的推荐模式。本书选用高斯模式作为机场飞行活动的污染物扩散模式。

3.1.1　点源扩散模式

飞机在大气中按照预定的轨迹运动，污染气体也就沿着运动轨迹排入大气，之前学者的研究以点源高斯扩散模式为基础建立了简单的机场大气污染扩散模式，来评估单架飞机产生的污染物浓度，本节针对飞机在 LTO 各飞行阶段的飞行特点，结合空中交通流分布特性来分别建立机场污染物的扩散模式。

高斯模式最基本的形式为点源扩散模式，对于污染源为连续均匀排放点源的情况，任意评估点 (x, y, z) 的污染物浓度 PC 为

$$PC = \frac{SS}{2\pi V_W \sigma_y \sigma_z} \cdot \exp\left(-\frac{y^2}{2 \cdot \sigma_y^2}\right) \cdot \left\{\exp\left[-\frac{(z-H)^2}{2 \cdot \sigma_z^2}\right] + \exp\left[-\frac{(z+H)^2}{2 \cdot \sigma_z^2}\right]\right\} \quad (3.1)$$

其中，SS 为污染源排放速率，单位为克/秒；V_W 为平均风速；H 为有效源高；σ_y 为水平方向的扩散参数；σ_z 为垂直方向的扩散参数。

大气扩散参数(σ_y 和 σ_z)是表征湍流扩散剧烈程度的物理量，其大小与大气稳定度相关，可采用 Turner[90]方法来确定稳定度，进而确定扩散参数大小，具体步骤如下。

第一步：先根据时间、地理位置查表 3.1 确定太阳倾角，再将太阳倾角代入公式(3.2)计算太阳高度角；

表 3.1　太阳倾角(赤纬)的概略值

月	旬	太阳倾角/(°)	月	旬	太阳倾角/(°)	月	旬	太阳倾角/(°)
	上	−22		上	+17		上	+7
1	中	−21	5	中	+19	9	中	+3
	下	−19		下	+21		下	−1
	上	−15		上	+22		上	−5
2	中	−12	6	中	+23	10	中	−8
	下	−9		下	+23		下	−12
	上	−5		上	+22		上	−15
3	中	−2	7	中	+21	11	中	−18
	下	+2		下	+19		下	−21
	上	+6		上	+17		上	−22
4	中	+10	8	中	+14	12	中	−23
	下	+13		下	+11		下	−23

太阳高度角表示为

$$\delta_{\mathrm{h}} = \arcsin\left[\sin(\mathrm{lat})\cdot\sin\delta + \cos(\mathrm{lat})\cdot\cos\delta\cdot\cos(15t + \mathrm{lon} - 300)\right] \tag{3.2}$$

其中，δ_{h} 为太阳高角度，δ 为太阳倾角，t 为观测时间，lat 为当地纬度，lon 为当地经度。

第二步：根据太阳高度角，查表 3.2 确定该天气条件下的太阳辐射等级；

表 3.2　太阳辐射等级数

云量 (总云量/低云量)	夜间	太阳高度角			
		<15°	15°～35°	35°～65°	>65°
<4/<4	−2	−1	+1	+2	+3
5～7/<4	−1	0	+1	+2	+3
>8/<4	−1	0	0	+1	+1
>7/>7	0	0	0	0	+1
>8/>8	0	0	0	0	0

第三步：根据太阳辐射等级和风速，查表 3.3 确定大气稳定度，其中"A-B"为 A 和 B 的内插，"B-C"为 B 和 C 的内插，"C-D"为 C 和 D 的内插。

表 3.3　大气稳定度

地面风速/(米/秒)	太阳辐射等级数					
	+3	+2	+1	0	−1	−2
<1.9	A	A-B	B	D	E	F
2～2.9	A-B	B	C	D	E	F
3～4.9	B	B-C	C	D	D	E
5～5.9	C	C-D	D	D	D	D
>6	C	D	D	D	D	D

第四步：通过大气稳定度和评估点的下风距离来查找扩散参数系数，见表 3.4，从而确定扩散参数大小。扩散参数表示为

$$\sigma_y = b \cdot x^a \tag{3.3}$$

$$\sigma_z = d \cdot x^c \tag{3.4}$$

表 3.4　扩散参数系数

稳定度	a	b	下风距离/米	c	d	下风距离/米
A	0.901074	0.425809	0～1000	1.12154	0.07	0～300
	0.850934	0.602052	>1000	1.5136	0.00854771	300～500
				2.10881	0.00211545	>500

稳定度	a	b	下风距离/米	c	d	下风距离/米
B	0.91437	0.281846	0~1000	0.964435	0.12719	0~500
	0.865014	0.396353	>1000	1.09356	0.057025	>500
B-C	0.919325	0.2295	0~1000	0.941015	0.114682	0~500
	0.875086	0.314238	>1000	1.0077	0.0757182	>500
C	0.924279	0.177154	0~1000	0.917595	0.106803	>0
	0.885157	0.232123	>1000			
C-D	0.926849	0.14394	0~1000	0.838628	0.126152	0~2000
	0.88694	0.189396	>1000	0.75641	0.235667	2000~10000
				0.815575	0.136659	>10000
D	0.929418	0.110726	0~1000	0.826212	0.104634	0~2000
	0.888723	0.146669	>1000	0.632023	0.400167	1000~10000
				0.55536	0.810736	>10000
D-E	0.925118	0.0985631	0~1000	0.776864	0.111771	0~2000
	0.892794	0.124308	>1000	0.572347	0.528992	2000~10000
				0.499149	1.0381	>10000
E	0.920818	0.0864001	0~1000	0.78837	0.0927527	0~1000
	0.896864	0.101947	>1000	0.565188	0.433384	1000~10000
				0.414743	1.73241	>10000
F	0.929418	0.0553634	0~1000	0.7844	0.0620765	0~1000
	0.888723	0.0733348	>1000	0.522969	0.370015	1000~10000
				0.322659	2.40691	>10000

3.1.2 线源扩散模式

飞机在起飞、着陆、爬升以及下降过程中沿航线飞行，运动轨迹可以看作是一系列连续点源组成的线源，该线源对任一评估点产生的污染气体浓度为线源上各连续点源对评估点产生的污染气体浓度之和，相当于沿线源方向的所有连续点源在该评估点产生的污染气体浓度的数值积分。

高斯扩散模式计算线源污染源产生的污染气体浓度时须已知评估点与污染源的横向距离和下风距离。若风向与航线垂直，则可建立以航线中心为原点，航线方向为 Y 轴，线源垂直方向为 X 轴(垂直风时，X 沿风向)，线源高度为 Z 轴的垂直风下的线源污染源扩散坐标系，如图 3.2 所示。

任意评估点 (x, y, z) 的污染物浓度 PC 可用公式表示为

$$PC = \frac{SS}{\sqrt{2\pi}V_W \sigma_y \sigma_z} \cdot \left\{ \exp\left[-\frac{(z-H)^2}{2 \cdot \sigma_z^2} \right] + \exp\left[-\frac{(z+H)^2}{2 \cdot \sigma_z^2} \right] \right\} \cdot \frac{1}{\sqrt{2\pi}} \cdot \int_{-y_0}^{+y_0} \exp\left(-\frac{y^2}{2 \cdot \sigma_y^2} \right) dy$$

$$(3.5)$$

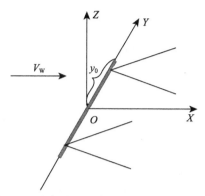

图 3.2　垂直风下的线源污染源扩散坐标系

其中，x、y 分别为线源扩散模式坐标的下风距离和横向距离，z 为预测点高度；SS 为污染源排放强度，单位为克/(米·秒)，飞机的起飞、着陆、爬升和进场阶段作为机场线源污染源，其污染物排放强度 SS_k 为

$$SS_k = \sum_{i \in F_{\Delta t}^k} \frac{EI_{i,k} \cdot FF_{i,k}}{V_{i,k} \cdot \Delta t} \tag{3.6}$$

其中，$F_{\Delta t}^k$ 为时段 Δt 内污染源 k 上的飞机集合，$k \in \{$起飞，着陆，爬升，下降$\}$；$EI_{i,k}$ 为飞机 i 的排放指数；$FF_{i,k}$ 为飞机 i 的燃油流率；$V_{i,k}$ 为飞机 i 的飞行速度；Δt 为评估时间片。

若风向与线源污染源不垂直，则要对原坐标进行转换，将 (X, Y, Z) 转换为 (X', Y', Z)，如图 3.3 所示。

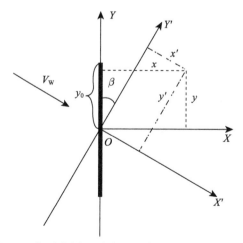

图 3.3　非垂直风下的线源污染源扩散转换坐标系

评估点 (x, y, z) 相对线源污染源上任一位置 $(0, y_p)$ 的坐标转换为

$$\begin{cases} x' = (y_p - y)\cos\phi + x\sin\phi \\ y' = (y - y_p)\sin\phi + x\cos\phi \end{cases} \tag{3.7}$$

其中，y_p 为线源污染源上任一点到原点的距离，ϕ 为风向与线源污染源的夹角。

因此，对于任意评估点，任意风向下飞机沿航线飞行所产生的污染物浓度 PC 可表示为

$$PC = \frac{SS}{\sqrt{2\pi} V_W \sigma_y \sigma_z} \cdot \left\{ \exp\left[-\frac{(Z-H)^2}{2 \cdot \sigma_z^2} \right] + \exp\left[-\frac{(Z+H)^2}{2 \cdot \sigma_z^2} \right] \right\} \cdot \frac{1}{\sqrt{2\pi}} \cdot \int_{-y_0}^{y_0} \exp\left(-\frac{y'^2}{2 \cdot \sigma_y^2} \right) dy \tag{3.8}$$

其中，σ_y，σ_z 通过 x' 求得，其他符号含义同上。飞机的爬升和下降轨迹高度随着飞行距离而改变，所以航线污染源的有效源高与横向距离相关

$$H = H_{\min} + y_0 \cdot |G| + y' \cdot G \tag{3.9}$$

其中，$H_{\min}$ 为飞行航段最低点；G 为梯度，爬升为正，下降为负。

3.1.3 面源扩散模式

当飞机在场面滑行时，场面运动轨迹为网状结构，可将整个地面网络看作是整体，滑行的飞机在地面飞行区范围的平面内排放污染气体，该扩散模式为典型面源扩散模式[91]，面源扩散模式在线源的基础上对排放面源的宽度进行数值积分。因此，场面面源在评估点 (x, y, z) 产生的污染物浓度 PC 可表示为

$$PC = \frac{SS}{\sqrt{2\pi} V_W}$$

$$\times \int_{x_1}^{x_2} \left\{ \frac{1}{\sigma_y \sigma_z} \cdot \left\{ \exp\left[-\frac{(z-H)^2}{2 \cdot \sigma_z^2} \right] + \exp\left[-\frac{(z+H)^2}{2 \cdot \sigma_z^2} \right] \right\} \cdot \frac{1}{\sqrt{2\pi}} \int_{y_1}^{y_2} \exp\left(-\frac{y^2}{2 \cdot \sigma_y^2} \right) dy \right\} dx \tag{3.10}$$

在计算高斯面源扩散时可转化为虚拟点源高斯扩散模式，假设虚拟污染源为点源，该污染源在面源几何中心上风方向，在面源中心线方向产生的污染物宽度为面源宽度，$2y_0 = 4.3\sigma_{y_0}$，如图 3.4 所示。

代入点源公式，评估点 (x, y, z) 的污染物浓度 PC 可转化为

$$PC = \frac{SS}{\pi V_W (\sigma_y + L/4.3)\sigma_z} \left\{ \exp\left[-\frac{y^2}{2 \cdot (\sigma_y + L/4.3)} \right] \right\} \tag{3.11}$$

其中，σ_y、σ_z 分别为 $(x + x_0)$ 处的水平和垂直扩散参数。

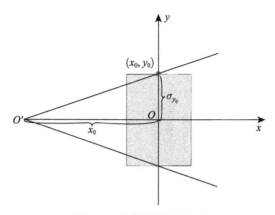

图 3.4　虚拟点源坐标系

场面滑行过程作为面源污染源，转化为虚拟点污染源时的排放强度为

$$SS = \sum_{i \in F_{\Delta t}} \frac{EI_i \cdot FF_i \cdot t_i}{\Delta t} \tag{3.12}$$

其中，t_i 为飞机 i 的滑行时间。

3.2　机场大气污染物浓度评估

3.2.1　浓度评估模型

飞机在 LTO 中的飞行包括起飞、着陆、爬升、进场以及滑行五个阶段。其中，除滑行外的其他四个阶段都沿着跑道中心线方向，且飞机在每个飞行阶段因发动机状态不同，单位时间内污染气体排放量存在差别，须分别计算气体扩散。

将各飞行阶段看作一个独立的污染源来计算污染气体的扩散，机场附近任意评估点的污染气体浓度 PC 为各污染源在该点形成的污染气体浓度的叠加，表示为

$$PC = \sum_k PC_k \tag{3.13}$$

其中，PC_k 为飞行阶段 k 的排放浓度，$k \in \{$起飞，着陆，爬升，下降，滑行$\}$；当飞机处于起飞、着陆、爬升和下降等阶段时，PC_k 的计算参见公式(3.8)；飞机处于滑行阶段时，PC_k 的计算参见公式(3.11)。

3.2.2　浓度评估实例

以 2015 年 8 月 21 日为例，上海浦东国际机场基准点经纬度为 N31°08′39″ E121°47′33″，为四跑道运行，两条跑道用于起飞，两条跑道用于着陆，全天航班总

量达 1348 架次，流量分布如图 3.5 所示(单位时间为 1 小时)。

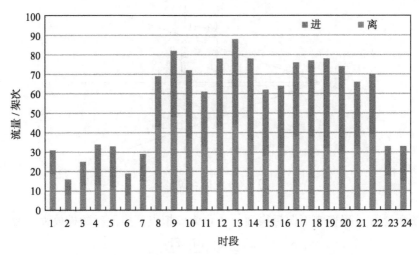

图 3.5   2015 年 8 月 21 日浦东国际机场全天流量分布(后附彩图)

气象条件为：云量为 5，平均风速为 4.4 米/秒，风向为 70°。查表 3.1 得当日太阳倾角为 11°，代入公式(3.11)，以 12:00～12:59 为例，其中 12 点对应的太阳高度角为

$$\delta_h = \arcsin\left[\sin(31.14°)\cdot\sin(11°) + \cos(31.14°)\cdot\cos(11°)\cdot\cos(15\cdot12° + 121.79° - 300°)\right]$$
$$= 69.9°$$

13 点对应的太阳高度角为

$$\delta_h = \arcsin\left[\sin(31.14°)\cdot\sin(11°) + \cos(31.14°)\cdot\cos(11°)\cdot\cos(15\cdot13° + 121.79° - 300°)\right]$$
$$= 64.7°$$

利用表 3.2 查得 12:00～12:59 时段的太阳辐射等级为+2，查表 3.3 得大气稳定度为 B-C，再查表 3.4 得扩散参数为

$$\sigma_y = \begin{cases} 0.2295\cdot x^{0.919325}, & 0 \leqslant x \leqslant 1000 \\ 0.314238\cdot x^{0.875086}, & x > 1000 \end{cases}$$

$$\sigma_z = \begin{cases} 0.114682\cdot x^{0.941015}, & 0 \leqslant x \leqslant 500 \\ 0.0757182\cdot x^{1.0077}, & x > 500 \end{cases}$$

利用该方法流程可计算获得全天各时段的扩散参数。

风向为 70°时，风与 34R 跑道成 90°角从东边吹向机场，建立污染气体浓度评估坐标系：以风向最外侧的 34R 跑道中点作为原点，垂直于跑道沿着风向的方向为 x 轴，沿着跑道方向向北为 y 轴；考虑污染气体浓度评估范围为：$0 \leqslant x \leqslant 10000$，$-30000 \leqslant y \leqslant 24000$，如图 3.6 所示。

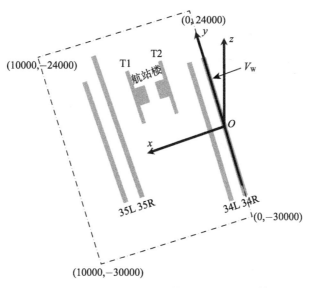

图 3.6　浦东国际机场浓度评估使用坐标和评估范围

以 5 分钟为时间片,利用 MATLAB 工具对 2015 年 8 月 21 日全天的污染物气体浓度进行计算, 统计机场范围内最大小时平均浓度(maximum hour average concentration, MHAC) 和最大日平均浓度(maximum day average concentration, MDAC), 结果如表 3.5 所示。

表 3.5　各时段的 MHAC　　　　　　(单位: 微克/米³)

时段 ＼ 污染气体	NO_x	SO_2	CO	TSP	HC
00:00～00:59	49.8	1.5	0.7	0.5	0.1
01:00～01:59	21.0	0.7	0.4	0.2	0.1
02:00～02:59	34.2	1.1	0.6	0.3	0.1
03:00～03:59	34.4	1.1	0.9	0.3	0.1
04:00～04:59	31.8	1.0	0.9	0.3	0.1
05:00～05:59	21.1	0.7	0.5	0.2	0.1
06:00～06:59	39.4	1.2	0.7	0.4	0.1
07:00～07:59	69.4	2.1	1.0	0.6	0.2
08:00～08:59	77.5	2.4	1.2	0.7	0.2
09:00～09:59	59.8	1.9	1.1	0.6	0.2
10:00～10:59	53.3	1.7	0.9	0.5	0.2
11:00～11:59	69.5	2.2	1.1	0.6	0.2
12:00～12:59	71.2	2.2	1.3	0.7	0.2
13:00～13:59	58.3	1.8	1.2	0.5	0.2

时段 \ 污染气体	NO_x	SO_2	CO	TSP	HC
14:00～14:59	45.3	1.4	1.0	0.4	0.1
15:00～15:59	51.8	1.6	0.9	0.5	0.2
16:00～16:59	61.5	1.9	1.1	0.6	0.2
17:00～17:59	61.5	1.9	1.1	0.6	0.2
18:00～18:59	51.9	1.7	1.2	0.6	0.2
19:00～19:59	48.7	1.6	1.2	0.5	0.2
20:00～20:59	83.8	2.7	1.7	0.8	0.3
21:00～21:59	102.4	3.2	1.7	1.0	0.3
22:00～22:59	47.3	1.5	0.8	0.4	0.1
23:00～23:59	39.5	1.2	0.9	0.4	0.1
MDAC	53.2	1.7	1.0	0.5	0.2

从表 3.5 中数据可以看出，在机场范围内，飞机排放的污染气体中 NO_x 明显比其他四种污染气体的 MHAC 大。同时，可看出污染气体浓度还与飞行流量大小相关，飞行流量越大，MHAC 越大，12:00～12:59 为全天最高峰小时流量，其中 NO_x 的 MHAC 为 71.2 微克/米^3，为白天 8:00～19:59 时段的最大值。因夜间的大气稳定度比白天稳定度更高，不利于大气中污染气体的扩散，所以夜间的污染气体排放浓度相对较大，21:00～21:59 时段的流量为夜间高峰时段，但 NO_x 的 MHAC 达到 102.4 微克/米^3，为全天最大值，MDAC 达到 53.2 微克/米^3，图 3.7 给出该时段的污染物排放浓度分布。根据浦东新区环境监测站给出的监测数据可知，浦东国际机场对祝桥的 NO_x 的浓度影响为 3 微克/米^3[92]。祝桥在本例污染气体浓度评估坐标系中的坐标为(–2000，7500)，该评估点对应的 NO_x 浓度为 2.953 微克/米^3，与实际监测结果基本一致。

从图 3.7 中可见，在 $0 \leqslant x \leqslant 10000$、$-3000 \leqslant y \leqslant 3000$ 范围内 NO_x 浓度分布较大，这是因为在进场和爬升阶段飞机飞行高度较高，在地面形成污染气体浓度较小，而起飞阶段因使用最大发动机状态以及着陆阶段使用反推，跑道周围的污染气体浓度相对较大。35R 跑道下风方向因 34L 跑道和 34R 跑道排放的污染物在此处叠加，污染物浓度最大，如图 3.8 所示。

机场飞行区外的区域与 34R 跑道横向距离在 4 千米以上，最大污染气体浓度只为 28.3 微克/米^3，航站楼位于四条跑道的中间位置，只有 34L 跑道和 34R 跑道产生的污染气体对其有影响，因此 T2 航站楼的小时平均污染气体浓度为 37.6 微克/米^3，T1 航站楼因与跑道下风距离更远，浓度仅为 18.7 微克/米^3。

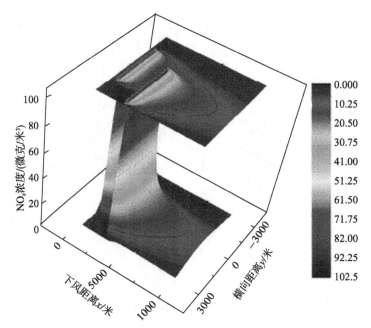

图 3.7　21:00～21:59 时段 NO_x 浓度分布图(后附彩图)

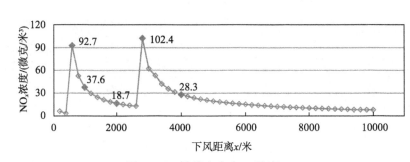

图 3.8　x 轴线方向 NO_x 浓度

3.2.3　浓度影响机理

　　机场各评估点的气体污染物浓度大小会受到风向和风速、大气稳定度、飞机类型及发动机状态和空中交通流量等参数的影响,本节对各影响因素的影响机理进行实例分析。

3.2.3.1　风向和风速

　　为分析风向对污染气体浓度分布的影响,仍以浦东国际机场为例,其他气象条件和运行条件与 3.2.2 节相同,仅改变风向,计算风向与跑道的夹角以 10°为步长,从 90°递减到 0°所对应的 NO_x 浓度分布,结果如图 3.9 所示。

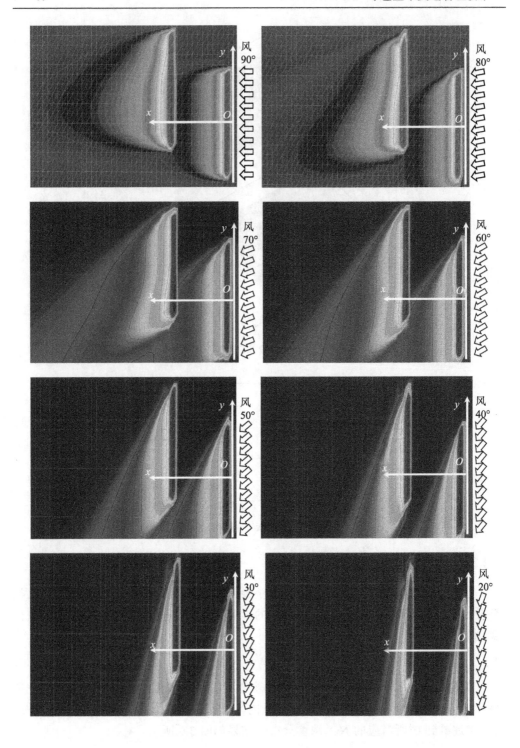

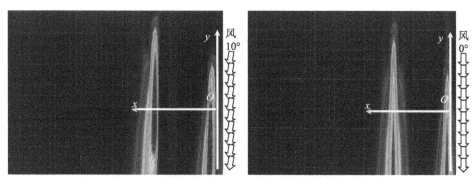

图 3.9　不同风向下的 NO_x 浓度分布(21:00~21:59)(后附彩图)

当风向与跑道的夹角角度逐渐减小时,在 X 轴方向的形成污染气体浓度逐渐减小,分布范围的面积逐渐减小,跑道产生浓度分布范围重叠区域也随之缩小,当减小到 40°及以下时,两条跑道的浓度分布范围基本独立。

仍以浦东国际机场为例,其他气象条件和运行条件与 3.2.2 节相同,仅改变风速,风速以 0.5 米/秒为步长,从 2 米/秒递增到 6.5 米/秒,不同风速下的 NO_x 的 MHAC 见表 3.6。结果表明,MHAC 随着风速的增加而减小。

表 3.6　不同风速下 NO_x 的 MHAC

风速/(米/秒)	2	2.5	3	3.5	4	4.5	5	5.5	6	6.5
MHAC/(微克/米^3)	225.3	180.2	150.2	128.7	112.6	100.1	90.1	80.9	75.1	69.3

3.2.3.2　大气稳定度

图 3.10 给出了不同稳定度下的 NO_x 的 MHAC。因稳定度是和风速大小相关的参数,在风速为 2.5 米/秒的情况下,不同的太阳强度可对应到 7 种大气稳定度,A-B 表示大气极不稳定,在此稳定度下污染气体迅速扩散,形成污染物浓度较低,当从 A-B 改变到 E 时,大气稳定度从极不稳定转变为弱稳定,污染气体在此大气条件下不易扩散,MHAC 急剧增大。当风速增大到 4 米/秒和 5.5 米/秒时,对应的大气稳定度数量减小。同样风速下,随着稳定度的增加,MHAC 同样逐步增大。

3.2.3.3　发动机状态

从图 3.9 中的数据分析可知,起飞阶段对污染物形成的最大浓度的贡献高达 99%,若在起飞阶段使用灵活推力起飞,减小起飞时发动机的工作状态,计算对应的 NO_x 的 MHAC,变化规律如图 3.11 所示。

随着起飞时发动机推力的减小,NO_x 的 MHAC 同时降低,变化规律呈二次方关系。

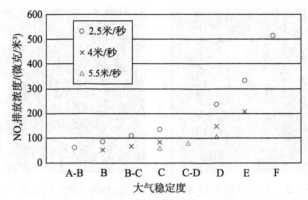

图 3.10   不同大气稳定度下的 NO_x 的 MHAC

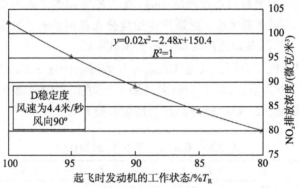

图 3.11   飞机减推力起飞后的 NO_x 的 MHAC

3.2.3.4   飞行流量

在给定的稳定度、风速和风向条件下，随着单位时间内飞行流量的不断增加，该时段的 MHAC 增大，如图 3.12 所示，当飞行流量从 70 架次/小时增加到 110 架次/小时时，MHAC 从 102.4 微克/米^3 增大到 160.9 微克/米^3。

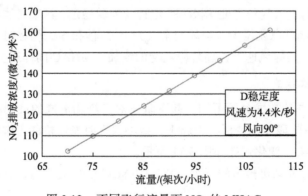

图 3.12   不同飞行流量下 NO_x 的 MHAC

3.3　机场环境容许空中交通量

3.3.1　基本定义

3.3.1.1　空域容量

空域系统的容量指的是单位时间内空域系统能够处理的交通量。在理论研究与实际工程运用中,空域容量概念大多从空域的服务能力角度出发给予限制,以航班延误时间为指标,有理论容量和运行容量两类空域容量,两者之间的关系如图 3.13 所示[93]。

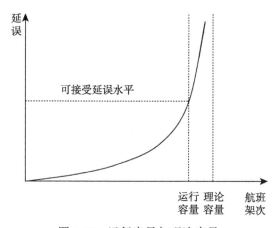

图 3.13　运行容量与理论容量

机场作为空域单元的一种,机场理论容量定义为:在连续服务请求且不违反空中交通管制规则的情况下,机场在单位时间内能够服务的最大架次数。机场运行容量定义为:基于机场典型运行特征的,机场在单位时间内对应于可接受的延误水平的飞机服务架次。可接受延误水平是指在一定的服务标准和运行规则下,单位时间内某一航班量水平上航班的可接受平均延误时长。考虑我国机场的实际运行情况,可接受延误水平阈值为:航班全天平均延误不超过 8 分钟。

可以看出,机场容量与机场的物理结构、管制运行环境和管制手段相关,体现了机场综合管制能力的空域容量。随着管制技术,通信、导航和监视(communication navigation surveillance,CNS)设备以及飞行技术等手段的改善,机场容量也不断提升,而不断增加的飞行流量会排放更多的污染气体,带来空气质量的下降,因此,在使用各种手段增加机场理论和运行容量的同时,需要考虑其对环境带来的影响。

3.3.1.2 环境容量

在环境科学中，环境容量(environmental capacity，EC)是指在人类生存和自然生态系统不致受害的前提下，某单元环境所能容纳污染物的最大负荷量[94,95]。该概念是在 1968 年由日本学者提出的，为促进社会可持续发展，环境容量按照介质可分为水环境容量、大气环境容量和旅游环境容量等类型。

我国研究学者提出的环境容量是指在人类生存和自然生态不受危害的前提下，某一环境在自然净化能力之内所能容纳的污染物的最大承受限度，即环境所能接受的污染物的限量或忍耐力的极限[96]。

环境容量概念涉及环境质量和环境质量标准两个方面。环境容量是在一定环境质量标准下的存量，如果没有环境质量标准作为前提，环境容量也就无从衡量和计算。如果某一环境系统的实际或实测污染量超过其环境容量，那么该系统处于超负荷状态，就需要进行污染治理和削减负荷的工作；等于环境容量，则该系统处于饱和临界状态，就需要注重系统平衡的调控，防止其进一步恶化；小于环境容量，说明该系统处于良性运行状态，就需要珍惜系统优化的结果并进行保持和维护。

应用环境容量概念分析环境保护问题以促进可持续发展时，应具备以下条件：

➢ 能够准确测量或计算环境变化；

➢ 能够将特定的活动与环境变化相联系；

➢ 具备相应的可接受环境变化限定，即环境质量标准(environment quality standard，EQS)。

3.3.1.3 机场环境容许空中交通量

Buchanan 在《城市交通》中第 1 次提出了环境容许交通量(environmental traffic capacity，ETC)，即在不引起环境恶化的条件下，一条道路单位时间内所能通过的最大交通量[97]。环境容许交通量是环境容量的一部分，又称为交通环境承载力，国内学者将其定义为在人类生存、生态环境和资源利用不受损害的前提下，一定时期和一定区域内以及特定交通结构下，交通环境所能承受交通系统污染的最大发展规模[98,99]。

飞机 LTO 各阶段的飞行会排放污染气体，对当地空气质量造成影响，机场飞行流量较小时，污染气体的浓度不足以影响机场及周边的空气质量。但当机场飞行流量增加时，污染气体的浓度会随之增大，并有可能超过环境空气质量标准，此时环境空气质量标准会成为机场单位时间内可飞行的航班数量的重要限制，将环境空气质量标准限定的机场运行航班量定义为机场环境容许空中交通量(airport environment capacity，AEC)[100]，各污染气体浓度的环境质量标准规定见附录四，该标准于 2016 年 1 月 1 日开始执行。

机场环境容许空中交通量定义为在一定时间间隔内，满足环境空气质量标准情况下，机场可起降飞机的最大架次，表示为

$$AEC = \frac{Q_L[\Delta t]}{E[\Delta t]} \tag{3.14}$$

其中，$Q_L[\Delta t]$ 为 Δt 时间内环境空气质量标准限度，单位：微克/米^3；$E[\Delta t]$ 为 Δt 时间内每架飞机的排放量，单位：微克/(米^3·架次)。

随着机场飞行流量的不断增加，飞机产生的污染物也随之增大，导致 MHAC 和 MDAC 增大，如图 3.14 所示。当最大浓度达到一定限度时，对应的飞行流量就是机场环境容许空中交通量。

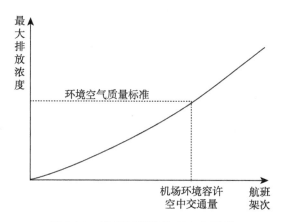

图 3.14　机场环境容许空中交通量

3.3.2　评估实例

因污染物浓度与机场气象条件和飞行流量分布相关，所以要对浦东机场的气象数据和航班计划数据进行分析，以确定浦东机场典型气象条件和流量分布特性，它可作为评估机场环境容许空中交通量的数据基础。

3.3.2.1　基础数据分析

1) 风速和风向

根据平均风特性，平均风速会随着地表粗糙度、离地高度和所取平均时距的不同而发生变化，因而在进行平均风速采样时必须对所采集的平均风速样本规定一个标准，通常的标准是：平坦空旷地区、离地 10 米高处 10 分钟的平均风速。根据这一标准就可以采集到大量的平均风速样本，对这些平均风速样本进行数理统计分析，就可以得到满足一定重现期要求的基本风速。

　　上海盛行东亚季风，受其影响，冬夏风向明显转向，冬半年以偏北风居多，夏半年以偏南风居多。过渡季节多东北风。天气系统过境引起大风时，一般以东北、西北风为最多。台风侵袭时，因路径和环流场配置的不同，风向时有变异。台风在南方海面时，上海以出现偏东风居多，随着台风的靠近，上海风向偏为东北或东南，台风北上或向东北海面移去时，上海风向转为偏西或偏北。

　　从国家海洋和大气局(NOAA)获取上海浦东国际机场在 2014 年 8 月 22 日～2015 年 8 月 21 日间的气象数据，地面 10 米平均速度大小如图 3.15 所示，全年平均风速为 4.4 米/秒。

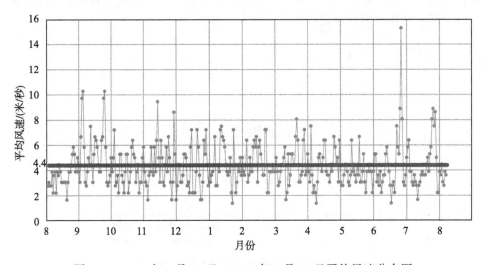

图 3.15　2014 年 8 月 22 日～2015 年 8 月 21 日平均风速分布图

　　结合气象数据中的风速和风向数据，按照 16 个方向用风向玫瑰图表示各风速大小出现的频率，如图 3.16 所示。

　　利用图 3.16，对 2014 年 8 月 22～2015 年 8 月 21 在 16 个方向的平均风数据进行分析，发现上海浦东国际机场的平均风主要在 SE、ESE、N、SSE 和 NNE 方向上，所占比例和平均风速如表 3.7 所示。其中污染系数[101]为风向频率和平均风速的比值，污染系数越大，该风向下污染物排放对机场的影响越大，由表 3.7 可以看出，SE(135°)、ESE(112.5°)、N(360°)、SSE(157.5°)和 NNE(22.5°)5 个方向下的污染物排放对浦东国际机场环境影响较大。

　　2) 大气稳定度

　　通过查表计算，全年白天大气稳定度分布如表 3.8 所示，任一时刻的大气稳定度可按照观测时间和风速计算获得，夜间以 D 稳定度为主[102]。

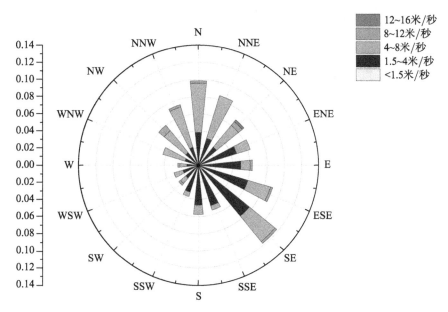

图 3.16　2014 年 8 月 22 日～2015 年 8 月 21 日玫瑰风向图(ZSPD)(后附彩图)

表 3.7　平均风主要分布方向上的比例和速度大小

风向	风频	平均风速/(米/秒)	污染系数	风向	风频	平均风速/(米/秒)	污染系数
SE	11.8%	3.8	0.031002	NNW	7.4%	5.3	0.013957
ESE	9.0%	4.1	0.022051	NE	6.8%	5.1	0.01343
N	9.9%	5	0.019726	NW	6.0%	4.6	0.013103
SSE	5.5%	3	0.018265	SSW	3.8%	3.7	0.010367
NNE	8.5%	4.9	0.017333	WSW	3.0%	3.5	0.008611
E	6.3%	3.8	0.016583	WNW	4.4%	5.6	0.007828
S	5.8%	3.5	0.016438	SW	3.0%	4.2	0.007175
ENE	6.3%	3.9	0.016157	W	2.5%	4.5	0.005479

表 3.8　全年大气稳定度(白天)

大气稳定度	A	A-B	B	B-C	C	C-D	D
天数	2	11	67	49	151	12	73
所占百分比	0.5%	3%	18.4%	13.4%	41.4%	3.3%	20%

3) 流量分布

对实施四跑道运行后的飞行流量数据进行分析，浦东国际机场平均日流量为1342 架次，进、离场比例为50%和50%，各时段的流量分布如图 3.17 所示。由图中可以看出：全天高峰时段为 08:00～22:59，其中 07:00～08:59 为离场高峰。

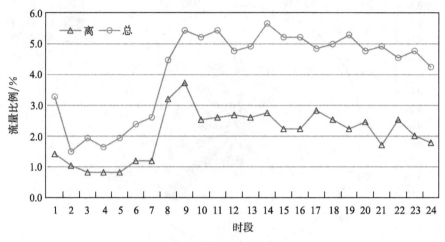

图 3.17　浦东国际机场时段流量分布

3.3.2.2　典型评估场景分析

根据基础数据分析，浦东国际机场平均气象条件为大气稳定度(白天 C、夜间 D)以及飞行流量平均 1342 架次，按照不同风向对机场的污染物浓度影响程度，将污染气体浓度评估分为以下场景：

场景一：风向(135°)、风速(3.8 米/秒)；

场景二：风向(112.5°)、风速(4.1 米/秒)；

场景三：风向(360°)、风速(5 米/秒)；

场景四：风向(157.5°)、风速(5 米/秒)；

场景五：风向(22.5°)、风速(4.9 米/秒)。

对不同场景的污染气体浓度进行计算，计算结果如表 3.9 所示。

表 3.9　不同场景下 NO_x 的 MHAC　　　　(单位：微米/米^3)

时段	场景一	场景二	场景三	场景四	场景五
00:00～00:59	61.1	56.2	47.8	37.0	46.4
01:00～01:59	43.7	41.2	34.3	27.2	34.1
02:00～02:59	35.4	32.6	27.7	21.4	26.9
03:00～03:59	35.0	32.5	27.4	21.4	26.8
04:00～04:59	35.4	32.6	27.7	21.4	26.9
05:00～05:59	50.9	47.2	39.8	31.1	39.0
06:00～06:59	51.2	47.3	40.1	31.2	39.1

续表

时段	场景一	场景二	场景三	场景四	场景五
07:00～07:59	96.9	93.4	74.1	55.7	77.0
08:00～08:59	112.9	108.6	86.3	64.8	89.6
09:00～09:59	78.1	74.1	59.6	44.2	61.0
10:00～10:59	80.5	76.3	61.4	45.5	62.8
11:00～11:59	82.0	78.3	62.6	46.8	64.6
12:00～12:59	80.0	76.2	61.1	45.5	62.8
13:00～13:59	85.0	80.6	64.8	48.1	66.4
14:00～14:59	69.5	65.5	52.9	39.1	53.9
15:00～15:59	69.5	65.5	52.9	39.1	53.9
16:00～16:59	86.4	82.7	66.0	49.3	68.1
17:00～17:59	77.9	74.1	59.4	44.2	61.0
18:00～18:59	69.6	65.5	53.0	39.1	53.9
19:00～19:59	75.6	71.9	57.6	42.9	59.2
20:00～20:59	75.3	68.4	58.8	44.9	56.3
21:00～21:59	107.5	100.2	84.1	66.1	82.9
22:00～22:59	87.0	79.9	68.0	52.6	66.0
23:00～23:59	77.3	71.1	60.4	46.8	58.7
MDAC	71.8	67.6	55.3	41.9	55.7

从表 3.9 中数据看出，场景一下形成 NO_x 的 MHAC 最大，上海浦东机场在风向为 135°时，产生的污染气体对环境影响最大。

3.3.2.3　评估结果

通过分析浦东国际机场运行环境，考虑对环境影响最大的气象条件后，得出在全天航班总量为 1342 架次下的飞行流量产生 MHAC 为 112.9 微米/米³，MDAC 为 71.8 微米/米³。

对航班数据进行加压处理，当飞行流量增加时，MHAC 和 MDAC 都会随之变化，具体数值见表 3.10。

表 3.10　不同飞行流量下的 NO_x 浓度值

全天航班总量/架次	1342	1500	1700	1900	2100	2500	3000
MHAC/(微米/米³)	112.9	126.2	143.0	159.8	176.6	210.3	252.3
小时流量/架次	72	81	92	103	113	135	162
MDAC/(微米/米³)	71.8	80.3	91.0	101.7	112.4	133.8	160.6

　　将表 3.10 中的数据绘制成曲线，如图 3.18 所示，可见 NO_x 的 MHAC 和 MDAC 与航班架次近似呈线性关系。根据附录四[103]中给出的环境空气质量标准，NO_x 的 24 小时平均浓度限值为 100 微米/米 ^{3}，1 小时平均限值为 250 微米/米 ^{3}，图 3.18 中对应的浦东国际机场每天航班数为 1868 架次，小时航班数为 159 架次。

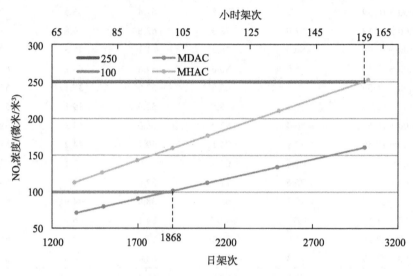

图 3.18　NO_x 的 MHAC 和 MDAC 与架次的关系曲线(后附彩图)

　　据此，可得浦东国际机场的日环境允许交通量为 1868 架次，小时环境允许交通量为 159 架次。

　　使用相同的航班流数据，通过 SIMMOD 软件对机场终端区进行仿真，得浦东国际机场四跑道理论容量为 104 架次/小时，实际运行容量为 90 架次/小时，在现行的空域结构和管制能力限制下，小时架次和日架次均未超过机场环境容许交通量。

　　在 2009～2014 年，浦东国际机场飞行流量年增长率为 3%～7%，图 3.19 给出了不同增长率下航班量的变化曲线以及机场环境限制和对应架次的关系曲线。当 MDAC 达到 100 微米/米 ^{3} 时，日交通量为 1868 架次，在四跑道运行条件下，若飞行流量增长率为 7%，浦东国际机场的飞行流量在 2021 年就会超过机场环境容许空中交通量，若飞行流量增长率为 3%，飞行流量在 2029 年就会超过机场环境容许空中交通量。

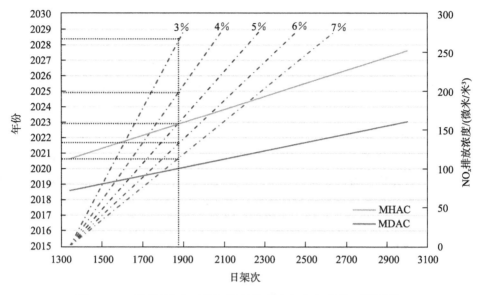

图 3.19　不同增长率下的机场环境容许空中交通量(后附彩图)

3.4　本 章 小 结

本章根据飞机 LTO 各飞行阶段的空中交通运行特性，将污染气体的点源、线源和面源高斯扩散模式应用于机场，建立了机场污染气体浓度评估模型，并结合典型日的气象条件，利用该模型评估了浦东国际机场的 NO_x、SO_2、HC 等污染气体浓度分布情况以及 MHAC 和 MDAC 值，分析了影响机场污染气体浓度的因素以及影响机理；结合空域容量和环境容量，给出了机场环境容许空中交通量的定义和评估模型，通过对历史气象数据的统计分析，建立以机场环境影响最大的气象条件为基础的评估场景，评估浦东国际机场日环境容许空中交通量和小时环境容许空中交通量。

从本章结论可以看出，随着机场飞行流量的增大，机场附近的环境也受到更大的影响，环境的净化能力会限制到机场飞行流量的发展，除空域结构、运行条件等因素外，环境也成为飞行流量发展的重要制约因素。因此，在空中交通管理过程中，采取策略来提升空中交通运行效率和增大飞行流量时，应将环境影响作为重要的目标来考量策略的优越性。同时，在机场扩容时，也应考虑环境的承载力。

第 4 章　面向环境保护的场面运行优化方法

第 2 章剖析了场面运行阶段相关的环境影响缓解措施，而目前的场面运行优化主要依靠流量管理手段，侧重于减小航班延误和提升机场运行效率，很少考虑环境保护因素，且在优化时飞机均采用传统的全发滑行方式。本章首先根据场面运行过程中发动机的使用特性和对环境的影响，对比分析全发滑行、单发滑行和电子滑行方式，然后结合路径优化方法建立基于多场景环境影响的场面运行优化模型，最后选取浦东机场进行实例验证。

4.1　航空器滑行方式

飞机场面运行阶段包括飞机的滑入和滑出阶段，其中起飞前从停机位推出到跑道头的地面运动过程为滑出，落地后从脱离跑道到进入停机位的地面运动过程为滑入。当飞机在跑道和航站楼之间滑行时，需要依靠发动机来产生动力。这将耗费大量的燃油，增加碳排放，并花费航空公司燃油和维修成本。目前，航空业正在研发以电为动力的可替代装置，或安装在飞机上，或在地面上使用，以降低飞机滑行时的燃油消耗和噪声，提高飞机滑行效率。航空器滑行时根据所选择的动力不同，又可分为全发滑行、单发滑行和电子滑行等方式。

4.1.1　全发滑行方式

全发滑行是指飞机滑行时所有主发动机开启并处于慢车工作状态，为当前场面运行最常采用的滑行方式。

滑出时，飞机先启动 APU，由牵引车连接将飞机推出停机位，推出结束后飞机利用 APU 提供的引气启动所有主发动机，当主发动机启动后转速达到慢车工作状态时，为节油或减少 APU 的运行时间，通常会关闭 APU，有些航空公司考虑紧急情况会保持 APU 的开启，把 APU 作为应急发动机。飞机使用所有的主发动机按照地面运行规则进行滑行，主发动机一般处于慢车工作状态，直线滑行时根据机型不同以不超过 25～30 节的速度在场面滑行，转弯滑行时的速度各飞机规定不同，滑行结束后，飞机进入跑道准备起飞。

滑入时，飞机在跑道上滑跑减速到滑行速度，飞机所有主发动机也处于慢车工作状态，在滑入停机位之前打开 APU，当飞机进入停机位时所有主发动机关闭，APU 接管所有电力供应。

　　飞机在滑行道上全发滑行时，所有主发动机开启以提供飞机滑行所需推力，滑行中受到的作用力如图 2.4 所示，滑行时的燃油消耗与排放发动机产生推力大小相关，为简化计算，通常假设发动机燃油流率为均值，表 2.1 中列出 ICAO 附件 16 中推荐的慢车工作状态为额定推力 7%。

　　而飞机在实际场面运行过程中，运动状态会发生改变，例如，当飞机与其他飞机发生飞行冲突时，须停止运动并等待避让，冲突解脱后继续滑行，由停止到继续滑行为加速运动过程，飞机的燃油流率要比匀速滑行的燃油流率大，为更准确地计算飞机在场面运行的阶段消耗的燃油量和产生的排放需要分别考虑飞机在滑行时的不同状态。

　　研究表明，与匀速滑行相比，飞机停止等待时燃油流率会减小，停止后再加速燃油流率会明显增大。不同滑行状态下发动机推力分别为：慢车 $4\% T_R$，匀速滑行 $5\% T_R$，停止加速 $9\% T_R$，转弯 $7\% T_R$ [14]。飞行员的操作也是一个重要的主观因素，有些飞行员在滑行过程中不调整发动机状态，使用刹车来改变滑行速度。

　　按照全发滑行的工作流程，可确定滑入和滑出过程中飞机上各动力装置的运转时间，时间分配情况如图 4.1 所示。

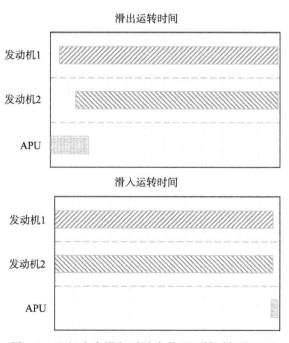

图 4.1　飞机全发滑行时动力装置运转时间分配图

根据各动力装置的运转时间分配，全发滑行方式下的飞机燃油消耗量(FW^A）可表示为

$$\mathrm{FW}^A = \mathrm{FW}^A_{\mathrm{APU}} + \sum_j \mathrm{FW}^{A,E}_j \tag{4.1}$$

其中，$\mathrm{FW}^A_{\mathrm{APU}}$为全发滑行方式下 APU 的消耗燃油量；$\mathrm{FW}^{A,E}_j$为全发滑行方式下主发动机不同滑行状态 j 时的消耗燃油量。

4.1.2   单发滑行方式

单发滑行是指飞机滑行时部分发动机关闭，其余发动机开启并处于慢车工作状态的滑行方式。

在单发滑行方式下滑出时，也须先启动 APU，由牵引车将飞机推出停机位，推出后启动部分发动机(双发飞机启动一个发动机，四发飞机启动两个发动机)，当主发动机启动后关闭 APU，使用单发进行滑行。滑入时，飞机滑跑结束后进入滑行阶段关闭部分主发动机，使用单发提供滑行动力，在滑入停机位之前打开 APU 并很快关闭剩余工作发动机，由 APU 接管所有电力供应。

单发滑行时只有工作状态发动机才会消耗燃油和产生排放。飞机滑出时若采用单发滑行，在进入跑道起飞前须预热滑行时处于关闭状态的主发动机，主发动机经过预热才能给飞机提供起飞动力。发动机预热时间(ESUT)与飞机机型、发动机型号和发动机已关闭的时长有关，通常为 2～5 分钟，如果已关闭 6 小时以上 ESUT 会增加到 10～15 分钟。在单发滑入时，飞机落地后也须冷却不用于滑行的发动机。主发动机冷却时间(ECDT)与 ESUT 类似。

按照单发滑行方式的流程，可确定滑入和滑出过程中飞机上各动力装置的运转时间，时间分配情况如图 4.2 所示。

虽然单发滑行时所有发动机不是全程开启，但由于发动机在启动和冷却过程中均会消耗燃油、产生排放，所以单发滑行方式下的飞机燃油消耗量(FW^S）可表示为

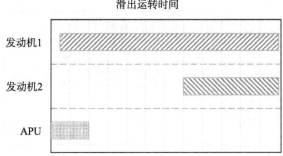

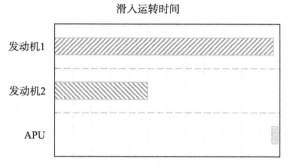

图 4.2　飞机单发滑行时动力装置运转时间分配图

$$\text{FW}^S = \text{FW}_{\text{APU}}^S + \text{FW}^{S,E} \tag{4.2}$$

其中，FW_{APU}^S 为单发滑行方式下 APU 的消耗燃油量，因仍由主发动机提供滑行动力，所以同样的滑行时间下飞机的 $\text{FW}_{\text{APU}}^S = \text{FW}_{\text{APU}}^A$，$\text{FW}^{S,E}$ 为单发滑行方式下主发动机的消耗燃油量。

4.1.3　电子滑行方式

电子滑行(electronic taxi，ET)是指飞机滑行时关闭所有主发动机，只通过 APU 启动来驱动安装在起落架上的电动马达带动机轮转动的滑行方式。

电子滑行以 APU 为主要动力来源[104]，而目前的 APU 只是作为辅助动力装置来使用，无法提供飞机滑行所需动力，如 A319 在不考虑滑行道坡度、滑行停止起步等特殊情况时，APU 可输出 90 千伏安的动力，最大只能给飞机提供 12 节的滑行速度。

研究表明，若考虑坡度(ICAO 规定最大 1.5%)、穿越跑道滑行速度和起步阻力等情况，APU 至少要提供 250 千瓦的功率，也就是 312.5 千伏安的动力才能完成滑行任务，因此，使用现有的 APU 装置无法实现电子滑行[105]。

针对电子滑行需求，WheelTug 以及 Honeywell 和 Safran 公司都开发了各自的电子滑行系统。2012 年 5 月，WheelTug 公司在一架波音 737-800 客机上展示了其电子滑行系统；Honeywell 和 Safran 公司研发的电力绿色滑行系统由易捷航空从 2013 年开始在空客 A320 飞机上进行运行测试。目前，WheelTug 公司在美国联邦航空局(FAA)签署认证计划后，已开始对电滑行系统进行验证，最终完成研发工作，该公司致力于为航空公司节约将飞机从机库推出的时间成本，旨在 2018 年末获得 FAA 对波音 737NG 系列飞机的认证。当燃料价格较高时，航空公司对电滑行的兴趣盎然;但当燃料价格一路走低时,航空公司的兴趣也逐渐减少。Honeywell 和 Safran 公司之所以在 2016 年叫停了联合开发的绿色电滑行系统(EGTS)项目，原因就在于燃料价格的大幅下降。

两个系统的驱动装置都是采用 APU，差别为 WheelTug 将电子驱动系统安装在飞机前轮的轮辋里，而 Safran 的 EGTS 考虑驱动装置的散热，将系统安装在飞机主轮的后面上。在使用电子滑行系统时，飞行员操纵驾驶舱内的控制系统，通过电缆将 APU 输出功率传递给电子驱动装置来带动飞机进行滑行。此外，因在飞机起落架机轮上安装新的设备，飞机的空机重会增加 140～400 千克。

WheelTug 系统由集成电机的新型前轮以及相应飞机电子单元、驾驶舱控制面板组成，仅需要两个隔夜操作就能安装完毕。该系统通过 737NG 的电气总线由飞机辅助动力装置驱动，可以进行改装或移动，不属于飞行关键系统。飞行员使用控制面板上的控制杆向前或向后移动飞机，可以使用现有的轭架操纵前轮。选装的摄像系统可以提供不同于地面人员的独立视角。WheelTug 可以实现无须借助牵引车或启动发动机就能在机库门附近进行地面机动。对航空公司的业务而言，避免由人为因素或其他因素导致推出延迟是非常关键的要素。WheelTug 公司针对数以万计的短途航班进行分析，结论表明，与常规的全发滑行方式相比，电子滑行方式因无须牵引车推出，节省了主发动机预热和关闭时间，地面工作人员可更好地衔接工作，过站时间可节省 150 秒，其中推出过程可节省 64 秒。

与单发滑行类似，飞机在起飞前要启动所有处于关闭状态的主发动机，在着陆后要冷却所有发动机，须考虑 ECDT 和 ESUT，如果独立执行这两个环节，必然会增加滑行时间，甚至可能导致额外延误，为缩短滑行时间，可将 APU 驱动滑行与主发动机启动、关闭环节相结合。以双发航空器为例，电子滑行方式下的滑入和滑出过程中飞机上各动力装置的运转时间分配情况如图 4.3 所示。

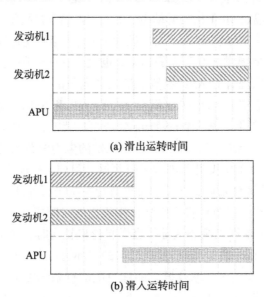

(a) 滑出运转时间

(b) 滑入运转时间

图 4.3　飞机 APU 滑行时动力装置运转时间分配图

由图 4.3 可知，飞机在电子滑行方式下并不是一直关闭飞机发动机而使用 APU 来驱动，而是在起飞前和着陆后考虑预热和冷却时间，有部分滑行过程是使用主发动机来进行滑行的。

根据动力装置运转时间分配，电子滑行方式下的飞机燃油消耗量(FW^E)可表示为

$$\mathrm{FW}^E = \mathrm{FW}^E_{\mathrm{APU}} + \mathrm{FW}^{E,E} \tag{4.3}$$

其中，$\mathrm{FW}^E_{\mathrm{APU}}$ 为电子滑行方式下 APU 的消耗燃油量；$\mathrm{FW}^{E,E}$ 为电子滑行方式下主发动机的消耗燃油量。

4.2　航空器场面运行分析

4.2.1　滑行拓扑网络

建立滑行路径优化模型时，可用拓扑网络图 $G=(V,Y)$ 表示机场场面滑行系统，其中，V 表示滑行道节点、跑道节点以及停机位节点的集合，Y 表示相连两个节点之间的道边集合，滑行路径可表示为一系列节点的集合。

图 4.4 为简单场面滑行系统网络图，其中 $\{r_1, r_2\}$ 为跑道节点集合，$\{p_1, p_2, p_3, p_4, p_5, p_6\}$ 为停机位节点集合，$\{u_1, u_2, \cdots, u_{16}\}$ 为滑行道节点集合，进场飞机从跑道脱离，经由滑行道停入 p_1 停机位，滑入路径可表示为 $\{u_{15}, u_3, u_2, u_7, u_9, p_1\}$，离场飞机从 p_6 经滑行道滑行到跑道准备起飞，滑出路径可表示为 $\{p_6, u_{14}, u_8, u_5, u_6, r_2\}$。

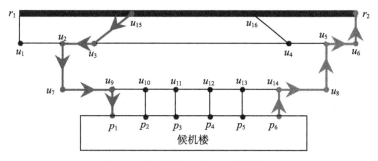

图 4.4　场面滑行系统拓扑网络图

4.2.2　场面滑行冲突

图 4.5 中绘制了两条滑行路径，分别为滑入和滑出路径，若进场飞机使用 p_3 停

机位，离场飞机使用 p_2 停机位，两架飞机可能会在滑行道 (u_{11}, u_{12}) 发生冲突，该冲突为滑行道对头冲突。

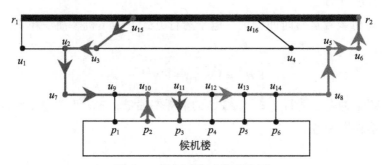

图 4.5　滑行对头冲突示意图

除滑行对头冲突外，随着场面滑行网络复杂程度以及航班流量的增加，飞机在场面滑行过程中还可能出现追赶冲突、交叉冲突和跑道穿越冲突等，如图 4.6 所示。在地面冲突解脱逻辑中，为了提高滑行道(或跑道)的运行效率，采取先到先服务原则，后机在冲突区域外等待通过。

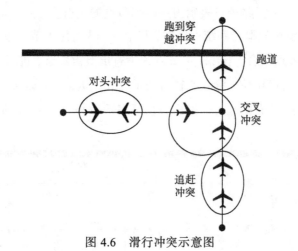

图 4.6　滑行冲突示意图

4.3　考虑多场景环境影响的场面运行优化方法

在滑入和滑出过程中，飞机在停机位与跑道之间沿滑行道运动，通常飞机会按照塔台管制员指派的路径进行滑行。固定路径滑行一般为停机位和跑道间相对较短的运动路径，但在实际运行过程中，飞机采用固定路径模式滑行时，因没有考虑场面整体运行情况，反而会使飞机进行不必要的等待，导致滑行时间延长，燃油消耗和气体排放量的增加，同时机场的运行效率也会降低。准确的预测场面运行动态结合动力装置使用情况，可更灵活地选择滑行路径，减少飞机滑行等待时间，从而减少延误和降低对环境的影响。

4.3.1　场景构建

场面运行过程中的燃油消耗和气体排放的主要来源是飞机的动力装置，飞机动力装置包括飞机发动机和 APU，根据 4.1 节中描述的场面滑行方式，建立三个场景来优化场面运行，以获取最小的环境影响。

三个场景具体设置如下：

场景一：全发滑行+滑行路径优化；

场景二：单发滑行+滑行路径优化；

场景三：电子滑行+滑行路径优化。

4.3.2　目标函数

场面运行优化目标是减少场面滑行的燃油消耗量，从而减小各气体排放量，降低对环境的影响。场面运行优化的目标函数可表示为

$$\min \sum_{i \in \text{AD}} \text{FW}_i \tag{4.4}$$

其中，FW_i 为飞机 i 的燃油消耗量，AD 为航班集合。

由于不同场景下飞机滑行动力不同，飞机燃油消耗量也会有差别，场面运行优化时的目标函数可根据场景进行调整。

1) 场景一

场景一中飞机滑行使用全部主发动机以及 APU 提供动力，目标函数可表示为

$$\min \sum_{i \in \text{AD}} \text{FW}_i^A = \min \sum_{i \in \text{AD}} \left(\text{FW}_{i,\text{APU}}^A + \sum_{j \in M} \text{FW}_{i,j}^{A,E} \right) \tag{4.5}$$

其中，APU 只在全发滑行的推出和推入过程中使用，因此，APU 的燃油消耗量可表示为

$$\text{FW}_{i,\text{APU}}^A = \text{FF}_{i,T}^{A,\text{APU}} \cdot T_{i,T}^{A,\text{APU}} + \xi_i \cdot \left(\text{FF}_{i,S}^{A,\text{APU}} \cdot T_{i,S}^{A,\text{APU}} + \text{FF}_{i,E}^{A,\text{APU}} \cdot T_{i,E}^{A,\text{APU}} \right) \tag{4.6}$$

其中，飞机 i 为离场，ξ_i 为 1，否则为 0；

$\text{FF}_{i,T}^{A,\text{APU}}$ 为飞机 i APU 启动后正常使用状态的燃油流率，参见附录一；

$T_{i,T}^{A,\text{APU}}$ 为飞机 i APU 启动后正常使用状态的运行时间，推出平均时间为 2 分钟，

推入平均时间为 30 秒；

 $\text{FF}_{i,S}^{A,\text{APU}}$ 为飞机 i 启动 APU 时的燃油流率，参见附录一；

 $T_{i,S}^{A,\text{APU}}$ 为飞机 i 启动 APU 时的运行时间，通常为 3 分钟；

 $\text{FF}_{i,E}^{A,\text{APU}}$ 为飞机 i 启动主发动机时 APU 的燃油流率，参见附录一；

 $T_{i,E}^{A,\text{APU}}$ 飞机 i 启动主发动机时 APU 的运行时间，通常双发飞机为 35 秒，四发飞机为 140 秒[106]。

全发滑行的动力主要由主发动机提供，在滑行过程中，除推出和推入外，主发动机都处于开启状态，并且随着滑行状态不同，飞机的燃油流率也有所差别，燃油消耗量可表示为

$$\sum_{j\in M}\text{FW}_{i,j}^{A,E}=\sum_{j\in M}N_i\cdot\text{FF}_{i,j}^{A,E}\cdot T_{i,j}^{A,E} \tag{4.7}$$

$$T_{i,j}^{A,E}=\sum_{(u_l,u_{l'})\in Y}\tau_i^{u_l,u_{l'}}\cdot\sigma_{i,j}^{u_l,u_{l'}}\cdot\left(t_i^{u_{l'}}-t_i^{u_l}\right) \tag{4.8}$$

$$\sigma_{i,j}^{u_l,u_{l'}}=\begin{cases}1, & \text{飞机}i\text{在滑行道边}(u_l,u_{l'})\text{上处于状态}j\\0, & \text{否则}\end{cases} \tag{4.9}$$

$$\tau_i^{u_l,u_{l'}}=\begin{cases}1, & \text{飞机}i\text{经过滑行道边}(u_l,u_{l'})\\0, & \text{否则}\end{cases} \tag{4.10}$$

其中，$\text{FF}_{i,j}^{A,E}$ 为飞机 i 在状态 j 下单个发动机的燃油流率；

 $T_{i,j}^{A,E}$ 为飞机 i 在状态 j 下的滑行时间，$t_i^{u_l}$ 为飞机 i 过滑行道节点 u_l 的时刻，$t_i^{u_{l'}}$ 为飞机 i 过滑行道节点 $u_{l'}$ 的时刻，Y 为滑行道边集合；

 N_i 为飞机 i 的发动机数量；

 M 为飞机发动机状态集合，$M=\{$慢车，匀速滑行，停止加速，转弯$\}$。

飞机污染气体排放量与飞机燃油消耗和动力装置状态等相关，场景一中气体排放量为

$$E_i=\sum_{m'\in M'}\text{EI}_i^{m'}\cdot FW_i^{m'}+\sum_{m\in M}\text{EI}_i^m\cdot FW_i^m \tag{4.11}$$

其中，$\text{EI}_i^{m'}$ 为 APU 在 m' 状态下的排放指数，参见附录一，M' 为 APU 状态集合，$M'=\{$APU启动，正常工作，主发动机启动$\}$；

 $FW_i^{m'}$ 为 APU 在 m' 状态下的燃油消耗；

 EI_i^m 为飞机在 m 状态下的排放指数；

 FW_i^m 为飞机在 m 状态下的燃油消耗。

2) 场景二

场景二中飞机滑行使用部分主发动机提供动力以及使用 APU 辅助动力, 目标函数可表示为

$$\min \sum_{i \in \text{AD}} \text{FW}_i^S = \min \sum_{i \in \text{AD}} \left(\text{FW}_{i,\text{APU}}^S + \text{FW}_i^{S,E} \right) \tag{4.12}$$

单发滑行时的 APU 使用情况与全发滑行方式类似, 因此 $\text{FW}_{i,\text{APU}}^S = \text{FW}_{i,\text{APU}}^A$。

单发滑行会关闭或不使用部分发动机, 同时要考虑起飞前发动机的预热时间, 在滑行过程中, 只有使用的发动机才会消耗燃油, 燃油消耗量可表示为

$$\text{FW}_i^{S,E} = \text{FF}_i^{S,E} \cdot \left\{ [N_i/2] \cdot T_i^{S,E} + \left(N_i - [N_i/2] \right) \cdot \min \left(T_i^{S,E}, 5 \right) \right\} \tag{4.13}$$

$$T_i^{S,E} = \sum_{(u_l, u_{l'}) \in Y} \tau_i^{u_l, u_{l'}} \cdot \left(t_i^{u_{l'}} - t_i^{u_l} \right) \tag{4.14}$$

其中, $\text{FF}_i^{S,E}$ 为飞机 i 的单个发动机的燃油流率;

$T_i^{S,E}$ 为飞机 i 在场景二下的滑行时间。

发动机的预热和冷却时间均为 5 分钟, 若飞机的滑行时间较短, 甚至在一些小型机场滑行时间小于发动机的预热时间, 飞机在滑行过程中启动发动机无足够的时间预热, 就无法使用单发滑行方式。

场景二气体排放量计算公式与场景一类似, 计算方法参见公式(4.11)。

3) 场景三

场景三中主要使用 APU 为飞机提供滑行动力, 同时须考虑飞机起飞前和着陆后的发动机预热和冷却过程, 目标函数可表示为

$$\min \sum_{i \in \text{AD}} \text{FW}_i^E = \min \sum_{i \in \text{AD}} \left(\text{FW}_{i,\text{APU}}^E + \text{FW}_i^{E,E} \right) \tag{4.15}$$

在电子滑行过程中需要 APU 提供全部动力, APU 处于电子滑行模式, 燃油消耗量可表示为

$$\text{FW}_{i,\text{APU}}^E = \max \left\{ \text{FW}_{i,\text{APU}}^A, \left(\text{FW}_{i,\text{APU}}^A - \text{FF}_{i,T}^{A,\text{APU}} \cdot T_{i,T}^{A,\text{APU}} + \text{FF}_{i,T}^{E,\text{APU}} \cdot \max \left(0, \left(T_i^{E,E} - 5 \right) \right) \right) \right\} \tag{4.16}$$

$$T_i^{E,E} = \sum_{(u_l, u_{l'}) \in Y} \tau_i^{u_l, u_{l'}} \cdot \left(t_i^{u_{l'}} - t_i^{u_l} \right) \tag{4.17}$$

其中, $\text{FF}_{i,T}^{E,\text{APU}}$ 为飞机 i 在电子滑行时 APU 的燃油流率;

$T_i^{E,E}$ 为飞机 i 在场景三下的滑行时间。

电子滑行飞机主发动机的运转时间为起飞前的 5 分钟预热时间以及着陆后的 5

分钟冷却时间，只有在这两个过程中才会消耗燃油，因此主发动机燃油消耗量可表示为

$$\mathrm{FW}_i^{E,E} = N_i \cdot \mathrm{FF}_i^{E,E} \cdot \min\left(T_i^{E,E}, 5\right) \tag{4.18}$$

其中，$\mathrm{FF}_i^{E,E}$ 为飞机 i 单个发动机在预热和冷却时的慢车燃油流率。

场景三的气体排放主要由 APU 产生，计算方法参见公式(4.11)。

4.3.3 约束条件

飞机在场面滑行过程中，除了需要解脱 4.2.2 节中列出的各类冲突外，还会受到场面运行单元容量以及资源分配等方面限制，形成约束条件。

1) 唯一性约束

$$\sum_{r \in R} q_{ir} = 1 \tag{4.19}$$

$$\sum_{p \in P} g_{ip} = 1 \tag{4.20}$$

$$q_{ir} = \begin{cases} 1, & \text{飞机}i\text{使用第}r\text{条跑道} \\ 0, & \text{否则} \end{cases} \tag{4.21}$$

$$g_{ip} = \begin{cases} 1, & \text{飞机}i\text{使用第}p\text{个停机位} \\ 0, & \text{否则} \end{cases} \tag{4.22}$$

式(4.19)为跑道使用唯一性约束，式(4.20)为停机位使用唯一性约束。其中，q_{ir}、g_{ip} 为决策变量，R 为跑道集合，P 为停机位集合。

2) 安全间隔约束

$$\left| t_i^u - t_k^u \right| \geqslant S_u / v_i \tag{4.23}$$

式(4.23)表示通过任一滑行节点的飞机须满足的安全间隔，$u \in U$，t_i^u 为飞机 i 过滑行节点 u 的时刻，t_k^u 为飞机 k 过滑行节点 u 的时刻，S_u 为滑行节点 u 的安全间隔，v_i 为飞机 i 的滑行速度，U 为滑行道节点集合。

3) 容量约束

$$\sum_{i \in \mathrm{AD}} \lambda_{i,r}^w \leqslant C_r^w \tag{4.24}$$

$$\lambda_{i,r}^w = \begin{cases} 1, & \text{飞机}i\text{在时间片}w\text{内使用跑道}r \\ 0, & \text{否则} \end{cases} \tag{4.25}$$

式(4.24)表示跑道容量约束，其中，C_r^w 为跑道 r 在时间片 w 的容量。

$$\sum_{i\in AD} \eta_{i,u_l,u_{l'}}^{w} \tau_i^{u_l,u_{l'}} \leqslant C_{u_l,u_{l'}}^{w} \tag{4.26}$$

$$\eta_{i,(u_l,u_{l'})}^{w} = \begin{cases} 1, & \left[t_i^{u_l}, t_i^{u_{l'}} \right] \bigcap w \neq \varnothing \\ 0, & \text{否则} \end{cases} \tag{4.27}$$

式(4.26)表示滑行道容量约束，其中，$C_{u_l,u_{l'}}^{w}$ 为滑行道边 $(u_l,u_{l'}) \in Y$ 在时间片 w 的容量。

4.3.4　算法设计

4.3.4.1　遗传算法(NSGA-II)

在科研和实践中，人们经常遇到在多准则或多目标下设计和决策的问题。例如，在确定航班时刻时，局方希望所调整的航班数最少，空管部门希望准点率最高，然而通常情况下这些目标是相互冲突的。一个比所有解都好的解并不是必要存在的。一个解可能相对某个目标是最好的，但相对其他目标却是最坏的。因此在确定航班时刻时需要在这些目标之间权衡处理。这种用于解决多目标和多约束的优化问题，被称为多目标优化问题(multi-objective optimization)。在多目标优化问题中，目标是灵活可变的，或者说，多个目标方程需要被同时优化。因此，优化的概念被重新定义，以代替获取单一的解，目标是产生一系列的好的折中，决策者可以从不同角度选择其中之一。

多目标优化问题在现实世界中普遍存在，人们对这方面的问题很感兴趣。早在1772 年，Pareto 就提出了多目标问题矛盾如何协调的问题。1896 年首次从数学角度提出了多目标最优决策问题，并引入了 Pareto 最优解的概念。从 20 世纪 50 年代末到 90 年代初，Cfires 等先后做出了卓有成效的工作，出现了加权和法、目标规划法、约束法等基于权重的多目标优化方法，期间多目标优化方法和理论的研究引人注目。

近年来随着进化计算(evolutionary computation)技术和群智能(swarm intelligence)方法的兴起以及在科研和实践中的广泛应用，多目标优化技术的发展更为迅猛，应用这些技术和方法求解多目标优化问题成为当前一个热门的研究领域。进化理论能够在多目标优化问题上成功应用，原因在于进化算法将解集作为群体，可以并行搜寻多个 Pareto 最优解，因此多目标进化理论的研究已经成为当前学术界研究的热点。

在最近的十多年间，出现了许多优秀的多目标进化算法，如向量评估遗传算法(VEGA)、非支配排序遗传算法(NSGA)、小生境 Pareto 遗传算法(NPGA)、改进强度 Pareto 进化算法 improved SPEA(SPEA2)、基于区域选择的进化多目标优化(PESA-II)、快速非支配排序遗传算法(NSGA-II)、多目标进化算法(MEA)和基于秩密度遗传算法(RDGA)等。

NSGA 是由 Srinivas 和 Deb 于 20 世纪 90 年代初期提出的，它是基于个体的等级按层次来分类的。NSGA 与简单遗传算法的主要区别在于选择算子不同。在进行选择操作之前，首先找出当前种群中的非劣最优解，所有这些非劣最优解构成第一个非劣最优解层，并给其赋一个大的假定适应值。为了保持群体的多样性，这些非劣最优解共享它们的假定适应值，然后以同样的方法对种群中剩下的个体进行分类，下一层的共享假定适应值要小于上一层的设定值，这一过程继续进行直至群体中所有个体都被归类。NSGA 的高效性在于运用一个非支配分类程序，使多目标简化至一个适应度函数的方式。运用该方法，能解决任意数目的目标问题，并且能够求最大和最小的问题。Deb 于 2000 年在 NSGA 的基础上进行了改进，提出了 NSGA-II(一种快速的非劣性排序方法)，通过定义拥挤距离(crowding distance)估计某个点周围的解密度，取代适应值共享。NSGA-II 有效地克服了 NSGA 的三大缺陷：计算复杂性从 $O(mN^3)$ 降至 $O(mN^2)$，具备最优保留机制及无须确定一个共享参数，从而进一步提高了计算效率和算法的鲁棒性。

由于场面滑行网络结构复杂，寻找最优滑行路径的计算工作量大，尤其是大型枢纽机场模型求解计算时间过长，所以，本书选取带精英策略的非支配排序遗传算法(NSGA-II)模型进行求解。NSGA-II 作为经典的智能优化方法，具有收敛好、运行速度快的优点[107,108]，相对于第一代非支配排序遗传算法(NSGA)，NSGA-II 通过引入精英策略和采用拥挤度比较算子，能解决任意数目的目标问题，尤其在解决多目标优化问题时降低了计算复杂度，保持了种群的多样性，提高了优化结果的精度和鲁棒性。

NSGA-II 的实施步骤如下：

第一步，随机生成初始种群，计算每个染色体的适应度值，并对初始种群进行快速非支配排序。

第二步，通过二进制锦标赛法从初始种群中选择染色体形成父代种群，并对初始种群进行交叉和变异遗传操作，生成子代种群。

第三步，合并父代种群和子代种群，进行快速非支配排序，对种群进行拥挤距离计算，并通过排挤算子和精英保留策略生成新种群。

第四步，进行种群进化迭代，跳转到第二步，直至满足终止条件结束遗传算法步骤，输出结果。流程图参见图 4.7。

4.3.4.2 算法实现

对于场面运行方法优化问题，采用 NSGA-II 算法实现的具体步骤如下：

第一步：染色体编码。对种群中的染色体采用二维编码方式编码，染色体中的每个基因包括路径基因和时刻基因两部分，如图 4.8 所示，$route_i$ 为飞机 f_i 的路径基因，t_i 为飞机 f_i 进入场面滑行的时刻基因。

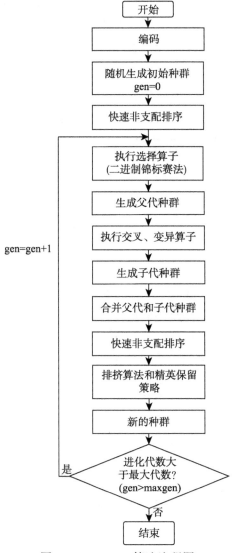

图 4.7　NSGA-II 算法流程图

f_1				f_i				f_n
$route_1$				$route_i$				$route_n$
t_1				t_i				t_n

图 4.8　遗传算法染色体编码示意图

若飞机 f_i 为进场飞机，t_i 为飞机的着陆时刻，路径基因 $\text{route}_i = \{r_i, u_{i_1}, u_{i_2}, \cdots, u_{i_n}, p_i\}$，其中 $\{u_{i_1}, u_{i_2}, \cdots, u_{i_n}\} \in \text{Aroute}_i$，$\text{Aroute}_i$ 为飞机 f_i 在跑道 r_i 和停机位 p_i 间滑行可使用的滑行路径集合，可由时刻基因计算出过滑行路径各点的时间；若飞机 f_i 为离场飞机，t_i 为飞机的推出时刻，该时刻要晚于计划推出时刻，$\text{route}_i = \{p_i, u_{i_1}, u_{i_2}, \cdots, u_{i_n}, r_i\}$。

第二步：生成初始种群。根据分配的跑道和停机位信息随机生成每架飞机的滑行路径，将其作为初始种群。为保证初始解集具备一定的差异性，提高算法获取全局最优解的可能性，要求种群中 Hamming 距离大于某一预先设定值的染色体数量必须超过一定的比例。

第三步：适应度函数。遗产算法适应度函数需要满足单值、连续、非负和最大化等，基于建立的考虑多场景环境影响的场面运行优化模型计算种群中每个染色体的适应度，适应度函数表示为

$$\text{Fit} = \left(\sum_{i \in \text{AD}} \text{FW}_i \right)^{-1} \tag{4.28}$$

第四步：选择、交叉、变异。通过二进制锦标赛法选择生成父代种群，再通过交叉、变异得到子代种群。本章中的遗传算法控制参数为：种群规模设置为 700，终止进化代数设置为 200，交叉概率设置为 0.8，变异概率设置为 0.01，执行遗传操作时采用线性重组交叉和随机因子变异规则。

第五步：精英保留策略。将生成子代种群和父代种群合并，判断所有种群中的染色体对应的路径和时刻信息是否满足约束条件，若不满足须丢弃该染色体，同时采用精英保留策略保留较优解对应的染色体，生成新种群作为新的父代种群。

第六步：判断进化代数是否等于设定的终止进化代数，等于则结束算法，否则返回第四步。

4.4　场面运行优化实例分析

结合多场景场面运行优化模型和算法，选取上海浦东国际机场作为典型机场进行场面运行优化影响分析。上海浦东国际机场是我国著名的枢纽机场，是国内首个拥有四条跑道的机场，2016 年旅客吞吐量 6600.24 万人次，起降架次为 479902 架次，飞行流量密集，场面滑行复杂，平均滑行时间长，多场景的假设具有可行性。

4.4.1　基础数据

基于多场景场面运行优化模型，优化过程中须提供机场航班数据、机场场面结

构和飞机机型数据等，数据流程如图 4.9 所示。由机场航班时刻或飞机计划可获得航班数据，包括航班预计进离场时间、起降机场、机型类别、停机位使用情况以及跑道使用情况；机场场面结构数据由网络拓扑图获得。

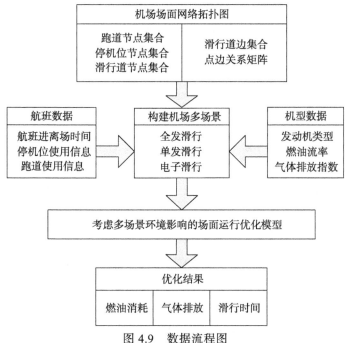

图 4.9　数据流程图

4.4.1.1　飞行流量数据

选取浦东国际机场典型繁忙日 2013 年 7 月 25 日的航班数据，当天共执行航班 1089 架次，其中进场 545 架次，离场 544 架次，全天流量分布如图 4.10 所示。

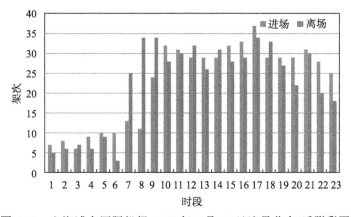

图 4.10　上海浦东国际机场 2013 年 7 月 25 日流量分布(后附彩图)

4.4.1.2　机场场面拓扑网络

在所选取的典型日中，上海浦东国际机场使用 3 条跑道，停机位 193 个，根据浦东国际机场飞行区物理结构可获得跑道和停机位相关信息以及滑行道布局，对滑行道节点进行编号，根据滑行道使用规则建立滑行道节点以及滑行道道边之间的关系，形成机场场面网络拓扑图，如图 4.11 所示。

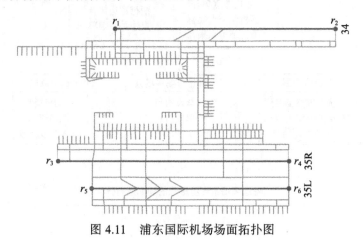

图 4.11　浦东国际机场场面拓扑图

4.4.2　燃油消耗分析

附录二中给出执飞航班常用的发动机类型，ICAO Engine Emissions Databank(2014)(EED)[20]根据 ICAO 附件 16 第 II 卷的要求给出了各型发动机的燃油流率[109]。

发动机排放数据库中提供了飞机在起飞、爬升、下降和慢车四个工作状态下的相关数据，并将四个状态所对应的推力大小分别设定为 $100\%T_R$、$85\%T_R$、$30\%T_R$ 和 $7\%T_R$，如实际使用过程中的推力不为 ICAO 设定推力，采用插值的方式来获取所需数据。以 B737-800(CFM56-7B26)(以下简称 B738)为例，表 4.1 给出了相应的燃油流率和气体排放指数。

表 4.1　B738 机型发动机不同状态下的燃油流率和气体排放指数

设定状态	起飞	爬升	下降	慢车
推力设定值/%T_R	100	85	30	7
FF/(千克/秒)	1.221	0.999	0.338	0.113
EI_{HC}/(克/千克)	0.10	0.10	0.10	1.90
EI_{CO}/(克/千克)	0.20	0.60	1.60	18.80
EI_{NO_x}/(克/千克)	28.80	22.50	10.80	4.70
SN	14.7	11.9	0.0	0.0

航班的实际燃油流率采用三点二次方插值的方式[110]来获得，例如，飞机在起飞时采用灵活推力起飞，假设使用 $9\%T_R$ 的推力，利用 B738 机型在 $85\%T_R$、$30\%T_R$、$7\%T_R$ 三个状态下的数值进行拟合，得如图 4.12(a) $0\%\sim85\%T_R$ 燃油流率–推力曲线。

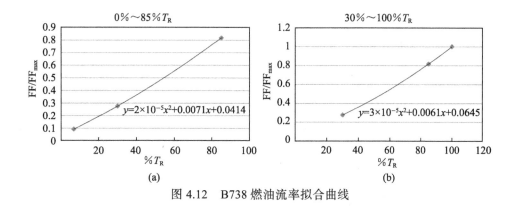

图 4.12　B738 燃油流率拟合曲线

图 4.12(a)数据对应的拟合函数为 $y=2\times10^{-5}x^2+0.0071x+0.0414$ ，将 $9\%T_R$ 的推力代入二次方公式可得燃油流率为 0.149 千克/秒。同理，B738 机型的 $30\%\sim100\%T_R$ 之间的燃油流率也可得相应的拟合曲线，如图 4.12(b)所示。

在场面滑行过程中，飞机发动机的推力设定值为

$$T_{set}=\frac{T}{T_R}\times100\%\qquad\qquad(4.29)$$

T_R 为发动机额定推力，如 B738 的 T_R 为 116.99 千牛，T 为滑行所需推力

$$T=\left(C_D-\mu C_L\right)\rho V^2S+W\left(\mu+\frac{1}{g}\cdot\frac{dV}{dt}\right)\qquad\qquad(4.30)$$

其中，C_D 为飞机阻力系数，C_L 为飞机升力系数，C_D 和 C_L 是与飞机类型和构型相关的参数，μ 为地面摩擦系数，V 为飞机速度，ρ 为机场场面上的大气密度，S 为飞机机翼面积，g 为重力加速度。

在获取所需数据后，通过 MATLAB 工具对优化模型采取遗传算法进行求解，目标函数为浦东机场场面滑行的航班总燃油消耗量最小。图 4.13～图 4.15 分别给出了场景一、场景二和场景三的遗传算法优化过程。

从场景一的解的变化曲线来看，在 100 代以内，总燃油消耗量从 367411.1 千克迅速降低到 344715.5 千克；在 100 代到 150 代之间，总燃油消耗量变化较为平缓降至 344409.4 千克；在 150 代之后，变化非常小，在 180 代后逐渐趋于一致，在最大进化代数对应的最优解中，总燃油消耗为 344250.3 千克。与场景一类似，场景二和场景三的遗传算法种群优化过程也在 200 代内就获得最优的总燃油消耗量，分别为

340307.7 千克和 248056.5 千克。

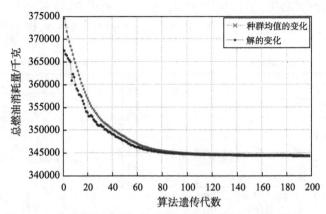

图 4.13　种群进化过程中总的燃油消耗量变化趋势(场景一)

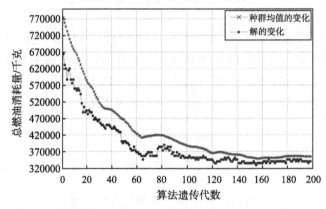

图 4.14　种群进化过程中总的燃油消耗量变化趋势(场景二)

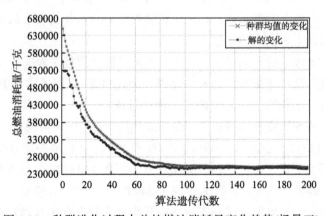

图 4.15　种群进化过程中总的燃油消耗量变化趋势(场景三)

优化前和优化后不同滑行场景下的总燃油消耗量对比如图 4.16 所示，其中优化前的总燃油消耗量是根据场面监视数据统计获得的。

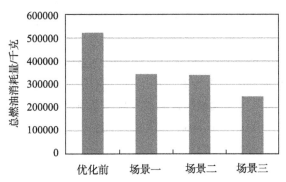

图 4.16　优化前和优化后不同滑行场景下的燃油消耗量对比

同样采用全发滑行方式，使用本章建立的场面运行优化方法，优化后的场景一总燃油消耗量比优化前节省 34.1%，可以看出优化后的总燃油消耗量有显著的改善。

场景二使用单发滑行方式，可进一步降低燃油消耗，可比优化前节省 34.9%的燃油。场景二滑行过程中部分发动机不开启，飞机可能出现不对称动力，形成偏转力矩 M，导致飞机偏离滑行道，此时飞行员须对该现象进行修正，可通过偏转方向舵(图 4.17(a))或踩单刹车(图 4.17(b))的方式产生修正力矩 M'来平衡偏转力矩。

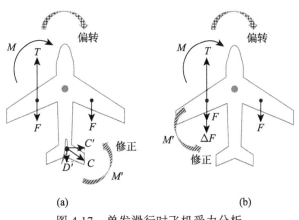

(a)　　　　　　　　　　　(b)

图 4.17　单发滑行时飞机受力分析

对比图 4.1 和图 4.2 中全发滑行和单发滑行动力装置运转时间，其中飞机 APU的运转时间在全发滑行与单发滑行中相同，以双发飞机 12 分钟总滑行时间为例，飞机整体可节省一个发动机运行 340 秒的运转时间，从而使飞机滑行的燃油消耗量减小。

但是，从图 4.17 中可以看出飞机在形成修正力矩的同时，飞机垂尾上产生了附加空气阻力 D'，或者产生额外摩擦力 ΔF，使得飞机在同样速度下滑行所需的推力增大，导致单发滑行中飞机单个发动机的燃油流率大于全发滑行。此外，还有部分飞机的滑行时间小于 300 秒，无法使用单发滑行方式。

场景一中 APU 燃油消耗量为 98122.1 千克，占总燃油消耗量的 28.5%，飞机主发动机消耗燃油量为 246128.1 千克。场景二中使用单发滑行后，综合考虑 APU 燃油使用、燃油流率的增加，发动机预热时间，飞机滑行时间等因素，优化后的燃油消耗量为 340307.7 千克，仅比场景一节省了 1.1% 的燃油量，主发动机燃油消耗量比重只降低了 0.3%，如图 4.18 所示。

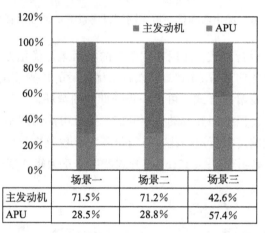

	场景一	场景二	场景三
主发动机	71.5%	71.2%	42.6%
APU	28.5%	28.8%	57.4%

图 4.18　多场景燃油消耗量比例(后附彩图)

场景三使用电子滑行可分别比优化前节省 52.5% 的燃油，比场景一节省了 27.9% 的燃油。因须提供飞机滑行所需推力，场景三中滑行时的 APU 燃油消耗率比正常使用的状态增大了 37.3%，优化后 APU 的燃油消耗量比重从场景一的 28.5% 增加到 57.4%。

此外，飞机的燃油消耗量与飞机机型相关，不同机型的飞机在优化过程中节省的燃油也有所差别，图 4.19 表示浦东机场不同机型飞机的平均燃油消耗量。因重型航空器的主发动机在全发和单发滑行时燃油流率较大，使用电子滑行系统后比中型机可节省更多的燃油，如 A340、A380、B747、MD11 等机型。

场景三中的电子滑行系统虽然可以显著降低在场面运行阶段的燃油消耗和排放，但需要在起落架上安装驱动系统，从而会增加运行空机重量(operate empty weight，OEW)，导致航空器在除滑行之外的其他飞行阶段增加额外的燃油消耗。

根据 BADA3.11(base of aircraft data)[111]数据库提供的航空器性能数据，假设电子滑行系统使运行空机重量平均增加 400 千克，计算各型航空器由于运行空机重量的增加导致的额外燃油消耗量，结果如图 4.20 所示。

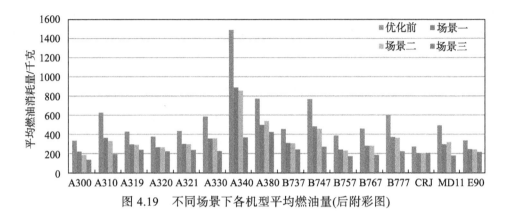

图 4.19　不同场景下各机型平均燃油量(后附彩图)

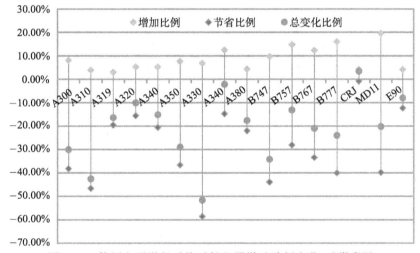

图 4.20　使用电子滑行系统时航空器燃油消耗变化(后附彩图)

使用电子滑行时节省的燃油大约占滑行燃油的 29.4%，巡航阶段增加的燃油大约占滑行燃油的 8.6%，使用 APU 滑行时节省的燃油比例大于巡航阶段增加的燃油比例，航空器总的燃油消耗量是减小的，并且由于重型航空器完成飞行任务对应的飞行航程较长，运行空机重量增加导致的燃油消耗增加量较大，但由于滑行阶段此类航空器节省的燃油也相对较多，综合考虑可以看出大型航空器使用电子滑行系统后在整个飞行阶段可节省更多的燃油。

4.4.3　滑行时间分析

对不同场景下的场面运行进行优化后，除航班燃油消耗量减小外，航班滑行时间也有所缩短。图 4.21 表示场景一下各机型优化后的滑行时间分布，其中 PET (pre-optimal taxi time)表示优化前的平均滑行时间，POT(post-optimal taxi time)表示优化后的平均滑行时间。优化后的航空器平均滑行时间在 10～25 分钟范围内，并且比优化前减少了 7%左右。

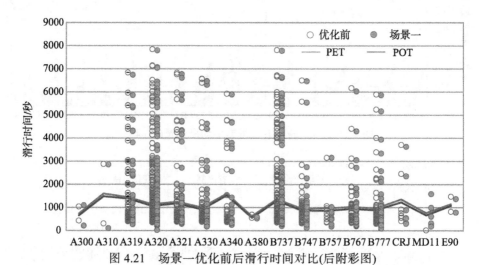

图 4.21　场景一优化前后滑行时间对比(后附彩图)

场景二和场景三因考虑飞机起飞前的发动机启动时间和着陆后的发动机冷却时间，优化后的滑行时间要比场景一优化后的滑行时间略微增大，但与优化前相比，平均滑行时间还是降低的，如图 4.22 所示。

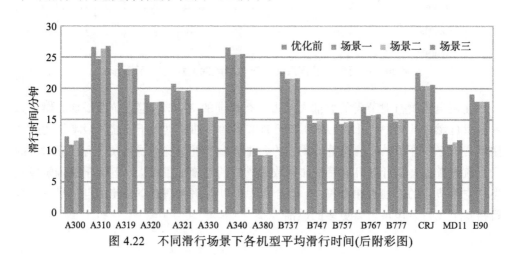

图 4.22　不同滑行场景下各机型平均滑行时间(后附彩图)

4.4.4　气体排放分析

发动机排放数据库中同时给出不同类型发动机的各排放气体的排放指数，气体排放指数与燃油流率相关的变量，两者之间的关系也可通过线性双对数拟合获得[112]，例如，B738 在 0%～85%T_R 的排放指数 EI_{HC}、EI_{CO}、EI_{NO_x} 和 EI_{TSP} 与燃油流率 FF 的关系曲线如图 4.23(a)、(c)、(e) 和 (g) 所示，对应的拟合函数分别为 $y = 0.0611x^{-1.354}$、$y = 0.4687x^{-1.582}$、$y = 22.856x^{0.7186}$ 和 $y = 0.7683x^{-0.977}$，9%T_R 对应的 HC 排放指数为 0.81 克/千克、CO 排放指数为 9.55 克/千克、NO_x 排放指数为 5.81 克/千克和 TSP 排放指数为 4.94 克/千克。

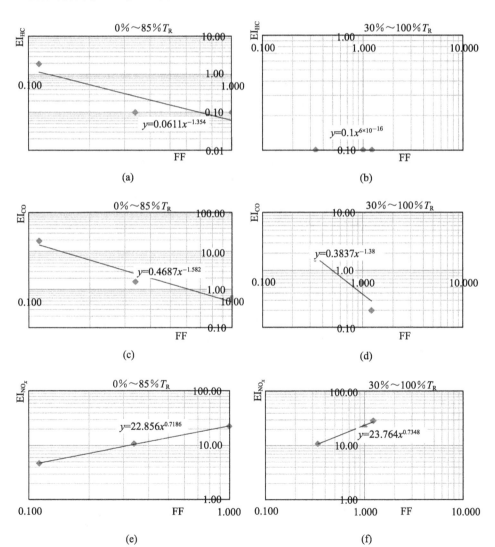

(a)　　　　　　　　　　　　　　　　(b)

(c)　　　　　　　　　　　　　　　　(d)

(e)　　　　　　　　　　　　　　　　(f)

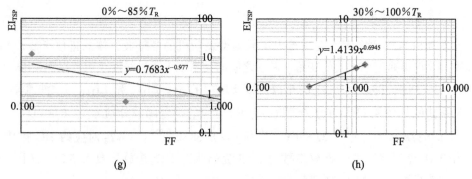

(g)　　　　　　　　　　　　　　(h)

图 4.23　B738 机型气体排放指数拟合曲线

同理可获得 30%～100%T_R 下的关系曲线，如图 4.23 (b)、(d)、(f)和(h)所示，若飞机的飞行高度高于 3000 英尺，可采用 BFFM2[80]方法进行排放指数的高度修正。

其他类型的发动机通过同样的方法也可得对应的拟合曲线和方程。根据各场景下滑行过程中不同滑行状态的燃油消耗量和对应的气体排放指数，可获得上海浦东国际机场典型日场面各气体排放总量，如图 4.24 所示。

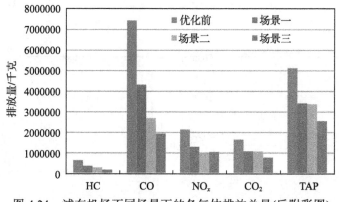

图 4.24　浦东机场不同场景下的各气体排放总量(后附彩图)

在场面运行优化后机场各气体排放量有明显降低，与优化前相比，各场景气体总排放量降幅见表 4.2，由表中数据可知，HC、CO、CO_2 和 TSP 的排放量在场景一、场景二和场景三中是逐渐降低的，甚至在场景三中降幅达 73.9%，NO_x 气体在场景二和场景三中的排放量相当，是因为发动机的 NO_x 排放指数在慢车状态下是最小的，而其他气体排放指数在慢车状态都是最大的，而 APU 替代主发动机运行时其他气体的排放指数有明显降低，而 NO_x 的排放指数变化幅度相对较小，所以场景三中的 NO_x 的排放量与场景一相比有所降低，但与场景二部分发动机开启时相比优势不明显。

表 4.2　与优化前相比，不同场景的各排放物减小百分比

气体	场景一	场景二	场景三
HC	41.8%	54.6%	71.5%
CO	42.0%	63.7%	73.9%
NO_x	39.2%	54.0%	50.5%
CO_2	34.1%	34.9%	52.5%
TSP	33.3%	34.0%	50.1%

　　不同机型的飞机在三个场景中气体排放量的变化也不同，中型机如 A320 和 B737 系列机型平均每架飞机的 HC、CO_2 和 TSP 排放量逐渐减小，而重型机因发动机数量较多或主发动机的燃油流率以及各气体排放指数较大，当使用场景三关闭发动机进行滑行时，各气体排放量会锐减，如表 4.3～表 4.5 所示。

表 4.3　各机型的 HC 和 CO 气体排放量

机型	HC 气体排放量/(克/架次)				CO 气体排放量/(克/架次)			
	优化前	场景一	场景二	场景三	优化前	场景一	场景二	场景三
A300	565.4	361.2	302.0	169.6	6602.8	4194.4	3496.6	1863.0
A310	6339.1	3573.4	3223.3	761.6	27857.3	15715.0	14177.9	3305.0
A319	475.2	273.2	195.3	129.3	5623.1	3181.2	747.7	1279.4
A320	362.7	206.6	164.4	115.7	4429.7	2467.2	706.3	1208.6
A321	1088.9	614.5	271.0	280.3	5950.5	3348.3	858.6	1485.9
A330	833.7	497.5	501.2	255.9	10174.2	6043.2	6088.7	2957.4
A340	202.9	124.8	120.4	69.4	14678.1	8696.9	8361.6	2631.0
A380	162.1	107.3	115.2	93.3	11385.1	7249.2	7848.2	5975.8
B737	638.1	360.2	224.4	163.7	6224.7	3474.5	848.1	1421.2
B747	1284.7	794.9	753.2	373.9	15424.0	9517.2	9015.1	4331.9
B757	142.8	88.7	90.7	59.4	4762.2	2814.2	2548.4	1407.2
B767	735.3	437.5	438.5	218.8	8930.9	5286.1	5297.7	2485.5
B777	416.5	255.2	249.1	133.1	7626.6	4615.2	4502.4	2153.6
CRJ	579.2	315.2	148.5	172.7	6143.4	3297.0	925.3	1642.3
MD11	659.6	388.8	421.8	196.2	8533.0	4996.8	5428.3	2404.1
E90	1339.1	766.1	266.4	376.7	10414.3	5932.8	1409.5	2833.7

表 4.4　各机型的 NO_x 和 CO_2 气体排放量

机型	NO_x 气体排放量/(克/架次)				CO_2 气体排放量/(克/架次)			
	优化前	场景一	场景二	场景三	优化前	场景一	场景二	场景三
A300	1687.6	1136.9	977.3	871.3	1055.4	693.2	588.2	429.1
A310	2580.9	1538.4	1406.5	1449.7	1980.4	1147.2	1041.8	613.5
A319	1408.9	842.6	381.6	861.0	1353.2	936.5	922.7	754.2
A320	1111.9	665.9	347.9	692.0	1187.7	835.7	836.6	706.1
A321	1560.8	923.8	416.2	829.4	1372.4	944.6	938.9	750.8
A330	2846.1	1761.6	1773.5	1361.0	1850.7	1123.7	1131.7	712.9
A340	9121.5	5464.3	5259.3	2631.0	4701.3	2805.4	2699.2	1164.1
A380	4014.2	2617.3	2819.6	2295.5	2437.9	1573.2	1698.4	1341.9
B737	1660.0	972.5	424.0	877.3	1439.1	977.3	967.4	762.4
B747	3619.0	2301.3	2189.3	1538.6	2423.6	1519.2	1442.3	852.7
B757	1405.1	898.7	836.8	911.2	1222.0	759.9	725.2	547.0
B767	2330.3	1451.4	1454.2	1210.5	1449.5	883.2	885.0	588.6
B777	3273.3	2045.3	1999.3	1435.4	1897.1	1169.7	1142.5	701.9
CRJ	664.3	409.1	249.7	663.2	854.7	643.7	648.6	648.8
MD11	2471.0	1519.3	1635.4	1074.9	1555.2	935.7	1011.3	563.3
E90	845.9	531.2	297.5	629.8	1057.9	774.8	768.4	679.6

表 4.5　各机型的 TSP 排放量

机型	TSP 排放量/(克/架次)				机型	TSP 排放量/(克/架次)			
	优化前	场景一	场景二	场景三		优化前	场景一	场景二	场景三
A300	3720.0	2443.2	2073.3	1512.4	B737	5366.2	3644.1	3607.1	2843.1
A310	40681.6	23566.9	21400.4	12603.2	B747	8137.2	5100.8	4842.7	2863.1
A319	4118.0	2849.9	2808.0	2295.2	B757	907.4	564.3	538.5	406.2
A320	3310.3	2329.2	2331.6	1968.0	B767	4769.5	2906.2	2912.1	1936.9
A321	9416.3	6480.6	6441.4	5151.3	B777	2635.3	1624.9	1587.0	975.0
A330	5312.2	3225.5	3248.5	2046.3	CRJ	6656.7	5013.7	5051.8	5053.0
A340	1333.7	795.8	765.7	330.2	MD11	4218.7	2538.2	2743.2	1528.1
A380	1014.9	654.9	707.1	558.6	E90	13233.6	9692.4	9612.4	8501.0

4.5　本 章 小 结

本章从飞机各动力装置使用的角度出发,剖析了全发滑行、单发滑行和电子滑行方式下的飞机滑行特性,包括各动力装置的工作状态、使用时间分配和燃油消耗量,同时构建相应的场面运行优化评估场景,结合场面滑行路径优化方法,建立了基于多场景环境影响的场面运行优化模型，并设计遗传算法对模型进行求解，选取上海浦东国际机场进行实例验证与分析。

多场景场面运行优化结果表明，在全发滑行方式下优化模型可减小燃油消耗量、缩短滑行时间和提升机场场面运行效率，单发滑行方式和电子滑行方式与全发滑行方式相比在节能、减排方面具有更明显的优势，同时还可进一步提升机场场面运行效率，验证了新型滑行动力方式的可行性和优越性。

第5章　面向环境保护的终端区运行优化方法

终端区通过进离场点与航路连接、通过跑道与机场场面连接，是航路和机场场面之间的过渡衔接区域，复杂的进离场交互运行特性导致其频繁地成为航班运行的关键瓶颈区域，同时终端区运行在空气污染和噪声方面对环境产生较大影响。本章以扩展终端区为对象，使用进场点优化分配策略和 CDA 进场方式从节能、减排和降噪三个目标出发，对终端区资源以及运行方式进行优化，以减小环境影响和提升运行效率。

5.1　扩展终端区的定义

众所周知，跑道系统是导致航班延误的主要瓶颈区域，然而在某些终端区，跑道运行能力不足却并不是形成航班延误的主要原因。在终端区内部，航班延误沿着到达交通流的反方向传播，机场场面上的延误影响跑道运行，并会传播到进场点上，甚至波及其他机场和区域。终端区进场点作为到达交通流排序的关键参考点，各进场点交通流分配不平衡极易导致终端区某些进场点存在资源闲置的情况，而其他进场点却同时存在容流失衡，进而导致在部分进场点形成等待序列，并将延误向终端区外传播。因此，与跑道系统类似，进场点也可能成为影响终端区运行效率的关键瓶颈。

为解决上述问题，综合考虑跑道和进离场点容量、飞机性能、终端区交通流分布、管制间隔等诸多因素，可通过优化终端区进场点分配(arrival fix allocation, AFA)策略分散进离场航班延误，并利用燃油效率更高的巡航阶段来吸收延误，将航路下降阶段包含至终端区飞行中，建立了扩展终端区(extended terminal, ETM)，如图 5.1 所示。

其中，扩展终端区中的进离场点容量可由终端区最小管制间隔和过点速度来确定，但相关参数会随航空气象条件、尾随间隔(miles in trail, MIT)等流量管理策略而发生阶段性波动，如图 5.2 所示。通常航线规划时会首选城市对之间的最短路径，因此调整航班进场点可能会导致飞行路径更长，但航班在进入扩展终端区时就更改从航路下降点到终端区进场点之间的飞行路径，不仅能通过在燃油高效阶段吸收延误获得更少的燃油消耗和排放，还能解决因恶劣天气导致部分空域和进场点无法使用的问题。

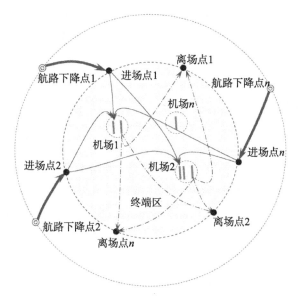

图 5.1　扩展终端区示意图

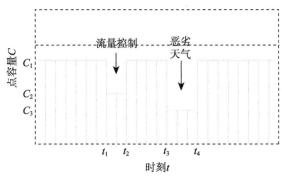

图 5.2　点容量波动示意图

5.2　终端区噪声评估方法

5.2.1　噪声计算方法

计算噪声有三种方法：近似法、分割法和模拟法。其中分割法因有相应的数据库支持可更好地应用到实际中。分割法首先计算单一事件噪声值，然后计算累计事件噪声值，最后绘制噪声等值线来描述噪声的影响范围及大小。

5.2.1.1　所需数据

飞机产生的噪声大小与飞机机型、大气条件和飞行性能相关，因此在使用分割法计算噪声前，须先获得机型噪声数据和飞行性能数据，其中机型噪声数据可从航空电器噪声性能(ANP)或综合噪声模型(INM)数据库的噪声–功率–距离(noise power distance，NPD)数据中查找。

1) 飞行性能数据

根据进离场航线结构和飞机型号来计算飞机进场或离场时的 4D 轨迹以及飞机性能数据，飞机性能数据包括：速度、构型、坡度和发动设定等。

2) NPD 数据

ANP 或 INM 数据库中提供的 NPD 数据为参考大气条件下、给定飞机构型以参考速度稳定飞行时的相关噪声数据，具体数据格式见附录三。利用 NPD 数据，根据飞机发动机型号、发动机状态设定和测量点与噪声源的距离可计算噪声源对任意测量点产生的噪声大小。

5.2.1.2　单一事件噪声计算方法

分割法是对某一测量点的噪声分割为不同事件，单一事件指的是一架飞机在一条航段上飞行对测量点产生的噪声影响[113]。

1) 单一事件噪声

单一事件有效感觉噪声级(L_{EPN})可表示为

$$L_{\text{EPN}} = 10 \times \lg\left(\frac{1}{t_0} \int_{t_1}^{t_2} 10^{L_{\text{PNT}}(t)/10}\, \mathrm{d}t \right) \tag{5.1}$$

其中，t_0 为基准时间，为 10 秒，$[t_1, t_2]$ 为 $L_{\text{EPN}}(t) \leqslant L_{\max} - 10$ 所对应的时间范围，该范围应包含单一时间所有重要的噪声，$L_{\max}$ 为单一事件中最大瞬时噪声级，如图 5.3 所示。

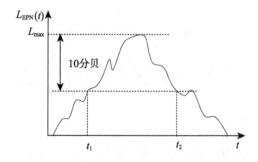

图 5.3　单一时间噪声随时间变化曲线

NPD 数据是在假设飞机航迹为无限长直线的前提下，计算出飞机轨迹下方的测量点的噪声值。分割法中将飞机飞行轨迹分割成若干航段，每个航段只是假设无限长直线中的一部分，同时，飞机在实际飞行过程中，所处空域的大气条件、飞机的构型、使用的飞行速度、发动机的安装位置以及测量点的位置与 NPD 数据的制表条件存在误差，因此，在计算实际噪声时，须对 NPD 数据进行修正。

修正后的单一事件噪声级($L_{\text{EPN}}^{\text{seg}}$)为

$$L_{\text{EPN}}^{\text{seg}} = L_{\text{EPN}}^{\infty}(P,d) + \Delta_V + \Delta_\varphi - \Delta_{l\beta} + \Delta_F \tag{5.2}$$

其中，$L_{\text{EPN}}^{\infty}(P,d)$ 为根据发动机设定(P)和噪声源与测量点距离(d)在 NPD 中查找的噪声值，P 表示单一事件中的航段发动机设定，与飞机在航段起点和终点的发动机设定相关。Δ_V、Δ_φ、$\Delta_{l\beta}$ 和 Δ_F 为修正值

$$P = \sqrt{P_1^2 + \frac{q}{\lambda} \cdot \left(P_2^2 - P_1^2\right)} \tag{5.3}$$

其中，q 为测量点在航段上的投影与起点的距离，λ 为航段起点和终点的距离，P_1 为航段起点发动机设定，P_2 为航段终点发动机设定，见图 5.4，若测量点在起点前或终点后，则 $P = P_1$ 或 P_2。

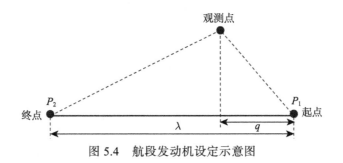

图 5.4　航段发动机设定示意图

对于每个型号的发动机，在给定的发动机设定下 NPD 给出了 10 组噪声和距离(noise-distance，N-D)数据，参见附录三。若飞机在某一航段飞行时的发动机设定或距离值与 NPD 中给出的 10 组参数不一致，须先求解对应的发动机设定。以 CF567B 型发动机为例，表 5.1 中给出其 NPD 相关数据。

表 5.1　CF567B 型发动机的 NPD 数据

发动机设定 (P)	距离 d/英尺									
	200	400	630	1000	2000	4000	6300	10000	16000	25000
3000	98.8	94.2	90.7	86.9	80.7	73.1	67.5	61.2	52	40.6
4000	99.6	95	91.4	87.6	81.6	74.2	68.7	62.6	53.2	42.4
5000	100.2	95.6	92.1	88.3	82.3	75.2	69.7	63.8	54.7	44.6
6000	100.8	96.2	92.6	89	83.1	76.1	70.6	64.9	56.5	47.1
7000	101.3	96.7	93.1	89.5	83.7	76.9	71.4	65.8	58.5	49.6

　　在一定飞机发动机设定下，建立距离和噪声的关系散点图，并对其进行回归分析，如图 5.5 所示。同样，建立一定距离下，发动机设定和噪声的散点图以及回归曲线如图 5.6 所示。

　　从回归曲线可以看出，距离和噪声呈对数关系，将对应的回归曲线方程列在表 5.2 中。

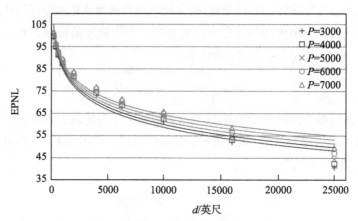

图 5.5　噪声和距离(N-D)回归曲线

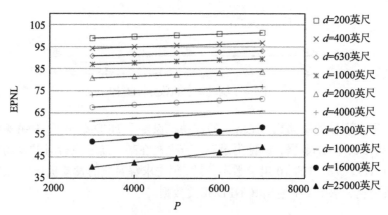

图 5.6　噪声–功率(noise-power，N-P)回归曲线

表 5.2　N-D 回归方程

发动机设定(P)	N-D 回归曲线方程	R^2
3000	$y = -23.81\lg x + 159.6$	0.9745
4000	$y = -24.4\lg x + 161.32$	0.9689
5000	$y = -25.31\lg x + 162.76$	0.964
6000	$y = -25.91\lg x + 163.82$	0.9608
7000	$y = -26.33\lg x + 164.24$	0.9597

因此，在给定发动机设定状态 P 下，若测量点与噪声源距离为 $d(d_1<d<d_2)$，NPD 提供 $L(P,d_1)$ 和 $L(P,d_2)$ 的数据，则该测量点的噪声 $L(P,d)$ 可通过式(5.4)获得

$$L(P,d) = L(P,d_1) + \frac{L(P,d_2)-L(P,d_1)}{\lg d_2 - \lg d_1} \times (\lg d - \lg d_1) \tag{5.4}$$

由图 5.6 可以看出，在给定距离下，发动机设定与噪声呈线性关系，对应的回归曲线方程见表 5.3。因此，在给定距离 d 下，若发动机设定为 $P(P_1<P<P_2)$，NPD 提供 $L(P_1,d)$ 和 $L(P_2,d)$ 的数据，则该测量点的噪声 $L(P,d)$ 可通过式(5.5)获得

$$L(P,d) = L(P_1,d) + \frac{L(P_2,d)-L(P_1,d)}{P_2 - P_1} \times (P - P_1) \tag{5.5}$$

表 5.3　N-P 回归方程

距离/英尺	N-P 回归曲线方程	R^2
200	$y = 0.0006x + 97.04$	0.9928
400	$y = 0.0006x + 92.44$	0.9928
630	$y = 0.0006x + 88.98$	0.9923
1000	$y = 0.0007x + 84.96$	0.9963
2000	$y = 0.0008x + 78.53$	0.9959
4000	$y = 0.001x + 70.35$	0.9961
6300	$y = 0.001x + 64.73$	0.9938
10000	$y = 0.0012x + 57.91$	0.9935
16000	$y = 0.0016x + 46.83$	0.9903
25000	$y = 0.0023x + 33.51$	0.9957

2) 噪声修正

A. 持续时间修正 Δ_V

飞机飞行速度与噪声事件的持续时间有关，在其他条件不变的情况下，速度与噪声持续时间成反比关系，因此，当速度与 NPD 中使用的参考速度不同时，需要对噪声值进行修正，称为持续时间修正

$$\Delta_V = 10 \cdot \lg\left(\frac{V_{\text{ref}}}{V_{\text{seg}}}\right) \tag{5.6}$$

其中，V_{ref} 为 NPD 参考速度；V_{seg} 为航段地速，$V_{\text{seg}} = \sqrt{V_1^2 + \left(V_2^2 - V_1^2\right) \cdot q/\lambda} \Big/ \cos\theta$，$V_1$ 为航段起点速度，V_2 为航段终点速度，θ 为航段爬升角。

B. 飞机构型修正 Δ_φ

飞机构型和发动机安装位置会对噪声辐射产生折射、反射和散射等影响，导致

飞机噪声侧向辐射的不均匀，对其进行修正，称为飞机构型修正

$$\Delta_\varphi = 10 \cdot \lg \left[\frac{\left(a \cdot \cos^2 \varphi + \sin^2 \varphi\right)^b}{c \cdot \sin^2 \varphi + \cos^2 2\varphi} \right] \tag{5.7}$$

$$\begin{cases} a = 0.00384, \quad b = 0.0621, \quad c = 0.8786, \quad \text{发动机吊装在机翼下} \\ a = 0.1225, \quad \quad b = 0.3290, \quad c = 1, \quad \quad \quad \text{发动机安装在机身上} \end{cases} \tag{5.8}$$

其中，φ 与飞机姿态和测量点与飞机的位置关系相关，见图 5.7，图中 γ 为坡度，β 为测量点与噪声源连线的倾斜角度。

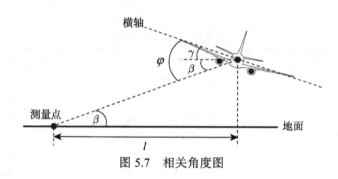

图 5.7 相关角度图

C. 侧向衰减修正 $\Delta_{l\beta}$

NPD 中的数据是测量飞机正下方离地面 1.2 米的高度处的噪声值，地面也会对噪声产生折射和反射作用，会影响地面测量点的噪声大小，对其进行修正，称为侧向衰减修正

$$\Delta_{l\beta} = \Delta_l \cdot \Delta_\beta \tag{5.9}$$

$$\Delta_l = \begin{cases} 1.089 \cdot \left(1 - e^{-0.00274l}\right), & 0 \leqslant l \leqslant 914 \\ 1, & l > 914 \end{cases} \tag{5.10}$$

$$\Delta_\beta = \begin{cases} 1.137 - 0.0229 \cdot \beta + 9.72 \cdot e^{-0.142\beta}, & 0° \leqslant \beta \leqslant 50° \\ 0, & 50° \leqslant \beta \leqslant 90° \end{cases} \tag{5.11}$$

其中，l 为测量点到噪声源的地面距离，见图 5.7。

D. 有限航段修正 Δ_F

NPD 中的数据假设航迹为无限长直线，实际飞行的航段只为无限长直线的一部分，需要对航段噪声进行修正，称为有限航段修正

$$\Delta_F = 10 \cdot \lg \left[\frac{1}{\pi} \left(\frac{\alpha_2}{1 + \alpha_2^2} + \arctan \alpha_2 - \frac{\alpha_1}{1 + \alpha_1^2} - \arctan \alpha_1 \right) \right] \tag{5.12}$$

$$\alpha_1 = -\frac{\pi \cdot q}{2 \cdot V_{\mathrm{ref}} \cdot t_0 \cdot 10^{\left[L_E^\infty(P,d) - L_{\max}(P,d)\right]}} \tag{5.13}$$

$$\alpha_2 = -\frac{\pi \cdot (q - \lambda)}{2 \cdot V_{\mathrm{ref}} \cdot t_0 \cdot 10^{\left[L_E^\infty(P,d_p) - L_{\max}(P,d_p)\right]}} \tag{5.14}$$

5.2.1.3　累计事件噪声计算方法

机场每条进、离场航线都由若干航段组成，并且航线上飞行的各型号飞机有一定的流量分布，因此，若要分析机场范围内的噪声影响，须将单一事件噪声累加计算。

任一测量点的计权等效连续感觉噪声级为

$$L_{\mathrm{WECPNL}}(x,y) = L_{\mathrm{EPN}} + 10 \cdot \lg(N_1 + 3 \cdot N_2 + 10 N_3) - 39.4 \tag{5.15}$$

$$L_{\mathrm{EPN}} = 10 \cdot \lg\left[\frac{1}{N \cdot T_0} \cdot \sum_i \sum_j \sum_k 10^{0.1 \cdot L_{\mathrm{EPN}ijk}(x,y)}\right] \tag{5.16}$$

其中，(x,y) 为建立的笛卡儿直角坐标系中测量点的坐标，如图 5.8 所示。$L_{\mathrm{EPN}ijk}$ 为机型 i 的飞机在航线 j 航段 k 飞行时对测量点 (x,y) 产生的单一事件噪声值。N_1、N_2、N_3 分别为日间、傍晚和夜间的飞机数量。

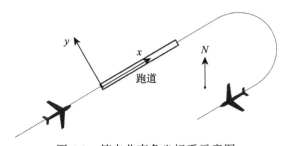

图 5.8　笛卡儿直角坐标系示意图

5.2.2　传统进近程序噪声评估

根据以上的噪声求解方法，以上海浦东国际机场 34 号跑道的进场航线 SASAN-11A 为例，进场航线如图 5.9 所示，计算该进场航线对机场产生的噪声大小。

机场周围噪声计算步骤如下：

第一步，根据机场 AIP 资料中的 STAR 飞行程序，构建飞机进场飞行剖面(图 5.10)。

第二步，根据各型号飞机的性能，计算飞机 4D 飞行轨迹以及飞机过各航段的速度、高度和推力等信息，以 B738 型飞机为例，相应的数据见表 5.4。

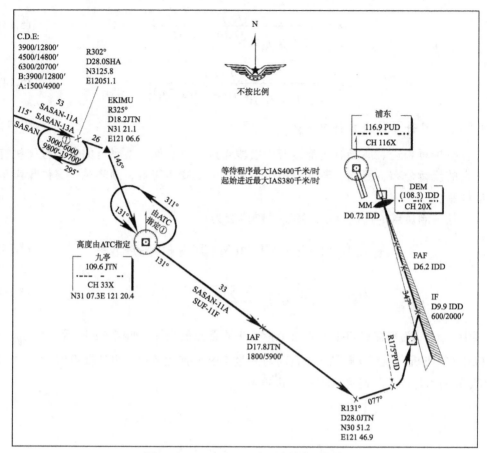

图 5.9   SASAN-11A 仪表进场航线图

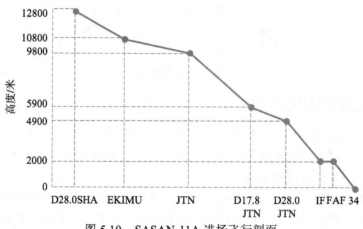

图 5.10   SASAN-11A 进场飞行剖面

表 5.4　SASAN-11A B738 的飞行参数面(SASAN-11A)

航段	起始点距离/英尺	推力/磅*	CAS/节	高度/英尺
D28.0SHA—EKIMU	−483910	1050～1381	300～300	10800～12800
EKIMU—JTN	−398127.7	911～1050	250～300	9800～10800
JTN—IAF	−286133.8	397～911	205～250	5900～9800
IAF—D28.0JTN	−180427.4	318～397	205～205	4900～5900
D28.0JTN—IF	−119110.6	318～669	150～205	2000～4900
IF—FAF	−60199.6	669～6397	139～150	2000～2000
FAF—34	−37674	5952～6397	132～139	0～2000

* 1 磅=0.453592 千克。

第三步，以飞机 4D 飞行轨迹为基础，统计 SASAN-11A 上全天各机型的流量分布，如表 5.5 所示。

表 5.5　SASAN-11A 各时段进场流量分布

时间 \ 机型	A319	A320	A321	A330	A340	B737	B747	B757	B767	B777	合计
00:00～00:59	0	2	0	1	0	0	0	0	0	0	3
01:00～01:59	0	0	0	0	0	0	0	0	0	0	0
02:00～02:59	0	0	0	0	0	0	0	0	0	0	0
03:00～03:59	0	1	0	0	0	0	0	0	0	1	2
04:00～04:59	0	0	0	0	1	0	0	1	0	0	2
05:00～05:59	0	0	0	2	0	0	0	0	0	0	2
06:00～06:59	0	2	0	0	2	0	0	0	0	1	5
07:00～07:59	0	2	0	0	0	1	0	1	0	1	5
08:00～08:59	0	0	0	0	1	0	0	0	0	0	1
09:00～09:59	1	0	1	1	1	0	1	0	0	0	5
10:00～10:59	2	0	1	1	0	0	0	0	0	0	4
11:00～11:59	1	1	0	0	0	1	0	0	0	0	3
12:00～12:59	0	3	0	0	0	1	0	0	0	0	4
13:00～13:59	0	2	2	0	0	1	0	0	0	0	5
14:00～14:59	0	2	1	1	4	0	0	0	0	1	9
15:00～15:59	0	1	0	0	0	1	0	1	0	2	5
16:00～16:59	0	1	0	1	0	0	0	0	0	0	2
17:00～17:59	0	0	0	1	0	0	0	0	0	0	1
18:00～18:59	0	1	0	0	0	0	0	0	0	0	1

续表

机型 时间	A319	A320	A321	A330	A340	B737	B747	B757	B767	B777	合计
19:00～19:59	1	3	0	0	0	0	0	0	0	1	5
20:00～20:59	0	1	0	0	0	1	0	0	0	0	2
21:00～21:59	1	0	0	0	1	2	0	0	0	0	4
22:00～22:59	0	2	0	0	0	0	0	0	1	0	3
23:00～23:59	0	3	0	0	0	0	0	0	0	0	3
合计	6	27	5	8	10	8	1	3	1	7	76

第四步，以 34 号跑道入口点为原点，将所有航路点转换为笛卡儿直角坐标 (*x-y-z*)，使用式(5.1)计算单一事件噪声值，并结合航线流量分布计算累计事件噪声，将结果绘制成 WECPNL 噪声等值线，如图 5.11 所示。

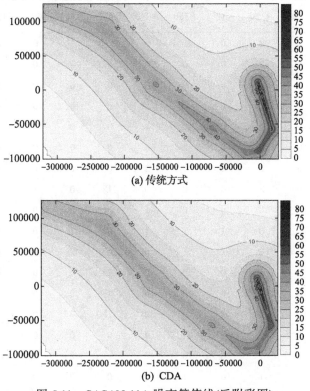

(a) 传统方式

(b) CDA

图 5.11　SASAN-11A 噪声等值线(后附彩图)

从图 5.11(a)可以看出，产生的噪声主要分布在进场航线的五边和四转弯上，其他航段的噪声相对较小。

5.2.3　CDA 程序噪声评估

机场周围的噪声主要由高度 10000 英尺以下的飞行活动产生，飞机按照传统进场程序进入终端区高度很快就会下降到 10000 英尺，如图 5.10 所示，飞机沿SASAN-11A 进场，飞过 JTN 后高度下降到 9800 英尺，在进场过程中飞机的飞行轨迹都处在噪声形成区域，对环境影响较大。为缓解进场阶段的噪声影响，可对飞机传统进场轨迹进行调整，采用 CDA 的方式进场，尽量使飞机在低空飞行的范围以及缩短飞行时间来降低噪声。

以 SASAN-11A 为例调整进场飞行剖面，飞机进入终端区后使用小角度下降，当下降到 10800 英尺后保持一段平飞，将五边最后进近的轨迹下降角 3°反向延长，在到跑道头航线距离为 206076.28 英尺处开始沿着 3°下滑角进行下滑，飞机飞行剖面如图 5.12 所示。与传统进场方式相比，飞机在 EKIMU—FAF 之间的飞行高度更大，在低空飞行的区域更小。

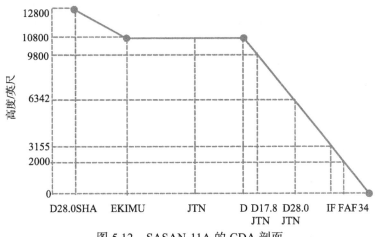

图 5.12　SASAN-11A 的 CDA 剖面

以 CDA 方式进场，机场附近由 SASAN-11A 产生的 WECPNL 等值线如图 5.11(b)所示。对比传统进场噪声等值线图和 CDA 进场噪声等值线，可以看出 CDA 在沿着轨迹方向的噪声有一定减小，尤其在四转弯以及五边进近阶段，进场航线产生的大于 45 分贝的 WECPNL 噪声值等值线范围有明显的缩小。

5.3　考虑环境影响的终端区运行优化方法

5.3.1　优化模型

为了规范终端区进、离场资源分配优化过程，便于问题说明，对模型作如下假设：

(1) 所有航班按照指定飞行轨迹飞行。

(2) 一旦航班被分配了进场点，或者开始离场，则不能变更飞行轨迹。

(3) 进场航班只在进场点进行空中等待，离场航班只在机场场面进行地面等待。

(4) 对多跑道机场，为所有进场航班就近分配跑道。

(5) 终端区内各机场未来天气的预测周期可被划分为若干个等距时间片，不同天气条件下对应的跑道运行模式及容量值已知。

5.3.1.1　目标函数

终端区进离场资源分配优化的根本目的是使终端区空域与跑道系统更好地匹配，从而尽可能减少交通流不均衡或点容量降低所造成的航班延误过于集中及由此产生的"雪球效应"，从而提高终端区空域和跑道利用率，并减少航班燃油消耗和气体排放。本书从减小燃油消耗和排放、均衡进场点等待时间和降低航班总延误等三个角度建立优化目标。

1) 最小化航班总燃油消耗

燃油消耗直接影响航班的运营成本和排放，降低燃油消耗是发展绿色航空的重要目标之一，因此模型使所有航班总燃油消耗量最小，即

$$\min \mathrm{FW} = \min\left[\sum_{i\in A k\in F_A, w\in W} \lambda_{ik}^w \times \left(t_i^h \cdot \mathrm{FF}_i^h + t_i^d \cdot \mathrm{FF}_i^d + t_i^a \cdot \mathrm{FF}_i^a\right) + \sum_{i\in D}\left(S_i^D - E_i^D\right)\mathrm{FF}_i^g\right]$$

$$\tag{5.17}$$

$$\lambda_{ik}^w = \begin{cases} 1, & \text{若航班} i \text{在时间窗} w \text{内过进场点} k \\ 0, & \text{否则} \end{cases} \tag{5.18}$$

其中，FW 为航班总燃油消耗量；A 和 D 分别为进场和离场航班集合；

W 为时间窗集合；F_A 为进场点集合；

t_i^h、t_i^d 和 t_i^a 分别为进场航班 i 在进场点的等待时间、航路下降段的飞行时间和离场航班 i 的预计离场时间；

S_i^D 为离场航班 i 的实际离场时间；

FF_i^h、FF_i^d 和 FF_i^a 分别为进场航班 i 在进场点等待、航路下降和进近时的燃油流率；

FF_i^g 为离场航班 i 在地面等待的燃油流率。

离场航班在起飞阶段的燃油消耗相比进场更高，且优先考虑地面等待，因此总燃油消耗中不计离场航班进入跑道之后的燃油消耗，其他各飞行阶段使用EUROCONTROL 建立的飞机基础数据库(BADA 3.11)来计算相应运行模式下的燃油流率。

各种污染气体的排放量为

$$E_j = \sum_{i \in A \cup D} \sum_n EI_{i,j}^n \cdot t_i^n \cdot FF_i^n \tag{5.19}$$

其中，E_j 为第 j 种气体的排放量，$EI_{i,j}^n$ 为航班 i 在飞行阶段 n 第 j 种气体排放指数；

t_i^n 为进场航班 i 在飞行阶段 n 经历的时间；

FF_i^n 为进场航班 i 在飞行阶段 n 时的燃油流率。

2) 均衡进场点等待时间

为避免因进场点流量不均衡或进场点容量不平衡所造成的航班延误过于集中及由此产生的"雪球效应"，可均衡进场点等待时间，其实质是把进场航班的等待时间在各进场点间平均分配，以保证进场资源的公平分配和跑道资源的合理利用，即

$$\min \sum_{k \in F_A} \left| T_k^h - T^h \right| \tag{5.20}$$

其中，$T_k^h = \sum_{i \in A, w \in W} \lambda_{ik}^w \cdot t_i^h$ 为进场点 k 的等待时间，$T^h = \left(\sum_{k \in F_A} T_k^h \right) \Big/ |F_A|$ 为进场点的平均等待时间。

3) 最小化航班总延误时间

航班延误不仅影响着航空公司的运行效率和服务质量，而且与机场和空管部门的成本及安全均紧密相关。因此，模型最小化所有航班的总延误时间，即

$$\min \left\{ \sum_{i \in A, w \in W, r \in R} \xi_{ir}^w \cdot \left(S_i^A - E_i^A \right) + \sum_{i \in D, w \in W, r \in R} \xi_{ir}^w \cdot \left(S_i^D - E_i^D \right) \right\} \tag{5.21}$$

其中，E_i^A 为进场航班 i 的预计进场时间；S_i^A 为进场航班 i 的实际进场时间；若航班 i 在时间窗 w 内在跑道 r 上起飞或着陆，ξ_{ir}^w 为 1，否则为 0。

5.3.1.2　约束条件

1) 进场点唯一性约束

每架进场航班只能分配一个进场点

$$\sum_{k \in F_A} \sum_{w \in W} \lambda_{ik}^w = 1 \tag{5.22}$$

2) 容量约束

任一时间窗内经过进场点的航班总和不能超过该点的容量，任一时间窗内在跑道上起降的航班总和不能超过该跑道的容量，即

$$\sum_{i\in A}\lambda_{ik}^{w}\leqslant C_{k}^{w},\quad k\in F_{A} \tag{5.23}$$

$$\sum_{i\in A\cup D}\xi_{ir}^{w}\leqslant C_{r}^{w},\quad r\in R \tag{5.24}$$

其中，C_{k}^{w} 为进场点 k 在时间窗 w 内的容量；C_{r}^{w} 为跑道 r 在时间窗 w 内的容量。

3) 最大空中等待时间约束

每个进场航班在进场点的等待时间不能超过最大空中等待时间，即

$$t_{i}^{h}\leqslant T_{\max}^{h},\quad i\in A \tag{5.25}$$

其中，$T_{\max}^{h}$ 为最大空中等待时间。

5.3.2 算法设计

由于终端区包含两个及两个以上的机场进近空域范围，飞行流量及航线数量较多，寻找最优解时计算工作量较大，因此，本章选取带精英策略的非支配排序遗传算法(NSGA-II)模型进行求解，NSGA-II 的算法流程参见图 4.7。对于终端区运行优化问题，NSGA-II 算法实现的具体步骤如下。

第一步为染色体编码。对进场航班进行染色体编码，染色体中的每个基因划分为航路下降航段基因、进场点基因和进场航线基因三部分，如图 5.13 所示，ra_i 为飞机 f_i 的航路下降航段基因，ap_i 为飞机 f_i 的进场点基因，ar_i 为飞机 f_i 的进场航线基因。

f_1	...	f_i	...	f_n
ra_1		ra_i		ra_n
ap_1		ap_i		ap_n
ar_1		ar_i		ar_n

图 5.13　遗传算法染色体编码示意图

第二步为生成初始种群。根据飞机计划使用的飞行路径和着陆时刻，计算进场飞机进入扩展终端区的时刻。根据扩展终端区进入点信息和跑道分配信息，随机选择飞机飞行路径，将其作为初始种群。为保证初始解集具备一定的差异性，提高算法获取全局最优解的可能性，要求种群中 Hamming 距离大于某一预先设定值的染

色体数量必须超过一定的比例。

第三步为适应度函数。为满足遗产算法适应度函数的单值、连续、非负和最大化等条件，基于终端区运行优化模型的三个目标函数：最小化航班总燃油消耗、最小化航班总燃油消耗和最小化航班总延误时间，设计适应度函数为

$$\text{Fit}_1 = \left(\sum_{i \in A} \sum_{k \in F_A, w \in W} \lambda_{ik}^w \times \left(t_i^h \cdot \text{FF}_i^h + t_i^d \cdot \text{FF}_i^d + t_i^a \cdot \text{FF}_i^a \right) + \sum_{i \in D} \left(S_i^D - E_i^D \right) \text{FF}_i^g \right)^{-1} \quad (5.26)$$

$$\text{Fit}_2 = \left(\sum_{i \in A} \left| t_i^h - \overline{t}_i^h \right| \right)^{-1} \quad (5.27)$$

$$\text{Fit}_3 = \tau - \left(\sum_{i \in A} \left(S_i^A - E_i^A \right) + \sum_{i \in D} \left(S_i^D - E_i^D \right) \right) \quad (5.28)$$

其中，τ 为足够大的正数。

第四步：选择、交叉、变异。通过二进制锦标赛法选择生成父代种群，再通过交叉、变异得到子代种群。本章中的遗传算法控制参数为：种群规模设置为 300，终止进化代数设置为 200，交叉概率设置为 0.8，变异概率设置为 0.01，执行遗传操作时采用线性重组交叉和随机因子变异规则。

第五步：精英保留策略。对子代种群的染色体根据每架飞机进入扩展终端区的时刻、航路下降航段信息和进场航线信息，生成新的飞机着陆时刻，与离场航班的起飞时刻进行排序，并判断是否满足约束条件，若不满足须丢弃该染色体，若满足，更新飞机过终端区进场点的时刻以及着陆时刻，将处理后的子代种群和父代种群合并，计算染色体的适应度值，采用精英保留策略保留较优解对应的染色体，生成新种群作为新的父代种群。

第六步：判断进化代数是否等于设定的终止进化代数，等于则结束算法，否则返回第四步。

5.3.3　实例分析

5.3.3.1　实验设计

本书选取上海终端区为研究对象，其为上海浦东、上海虹桥两个多跑道国际机场提供空中交通管制服务，空域资源紧张，飞行流量密集，是公认的大型繁忙多机场终端区。选取浦东和虹桥国际机场某典型日高峰运行时段 11:00～17:59 的航班进行仿真，并对 AFA 和先到先服务(first come first server，FCFS)的仿真结果进行对比。

研究时段内上海终端区的航班总数量为 735 架，其中浦东国际机场和虹桥国际机场的航班数量分别为 309 架和 426 架。浦东机场 34 和 35L 号跑道用于进场，虹

桥机场 36R 号跑道用于进场，36L 用于离场；34 和 35R 号跑道用于离场。终端区中的 AND、BK、DUMET、MATNU 和 SASAN 五个点用于进场，NXD、LAMEN、ODULO、PIKAS、HSN 和 P267 六个点用于离场。通常情况下，上海终端区同航向、同高度进场管制移交间隔均为 20 千米。若当天部分进场点有恶劣天气须增大移交间隔，则相应的点容量下降，如表 5.6 所示。

表 5.6　恶劣天气下进场点容量值的变化

进场点名称	原容量/(架次/小时)	现容量/(架次/小时)
AND	25	25
BK	25	25
DUMET	25	25
MATNU	25	25
SASAN	25	15

5.3.3.2　结果分析

总燃油消耗量在 60 代以内从 360367.7 千克迅速减小到 339524.1 千克，在 60～100 代，总燃油消耗量的减小幅度变缓，从 339524.1 千克降低为 338111.2 千克，在 100 代之后，总燃油消耗量趋于稳定，波动很小，如图 5.14 所示。

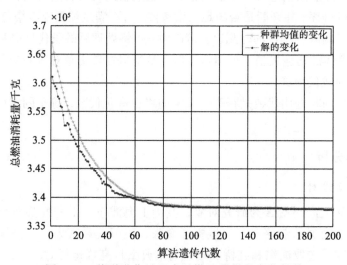

图 5.14　种群进化过程中总燃油消耗量变化趋势

与 FCFS 相比，AFA 在仿真时间段内的总燃油消耗量由 FCFS 的 462282.7 千克降低为 337752.9 千克，减少了 26.9%。FCFS 和 AFA 各阶段的燃油消耗量对比如图

5.15 所示。

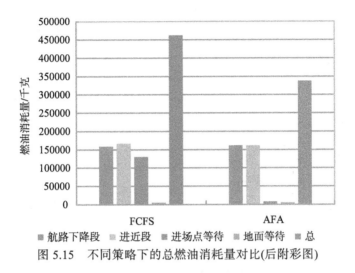

图 5.15　不同策略下的总燃油消耗量对比(后附彩图)

随着总燃油消耗量减少，污染气体排放量也同时降低，HC、CO、NO_x 分别从 FCFS 的 492.6 千克、3815.7 千克、16570.6 千克降低为 AFA 的 429.2 千克、3352.1 千克、14129.1 千克，图 5.16 给出了两种策略下的污染气体排放量的比较。

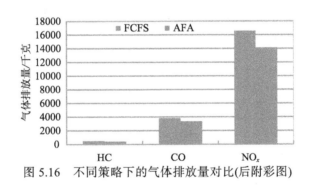

图 5.16　不同策略下的气体排放量对比(后附彩图)

平均进场点等待时间在 80 代以内航班从 62.6 秒/架迅速减小到 51.6 秒/架，在 80～160 代，航班平均进场点等待时间的减小幅度变缓，从 51.6 秒/架减小为 49.5 秒/架，在 160 代之后，航班平均进场点等待时间趋于稳定，波动很小，如图 5.17 所示。

天气原因导致 SASAN 点容量降低，采取 FCFS 时 SASAN 点的等待时间达到 244161.1 秒，占所有进场点总等待时间的 92%，平均等待时间为 1836 秒/架，延误严重且过于集中；而其他四个进场点 90%的航班等待时间都在 240 秒以下，空闲资源利用不足，如图 5.18 所示。

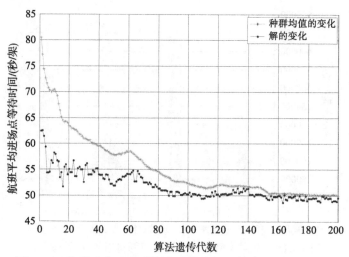

图 5.17　种群进化过程中航班平均进场点等待时间变化趋势

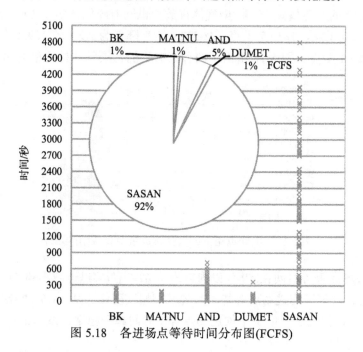

图 5.18　各进场点等待时间分布图(FCFS)

使用 AFA 重新分配进场点后，经过 SASAN 点的航班从 133 架减少为 98 架，平均等待时间降低为 55.7 秒/架；同时，所有航班的平均进场点等待时间为 45.5 秒/架，各进场点延误相对均衡且延误明显缓解，如图 5.19 所示。

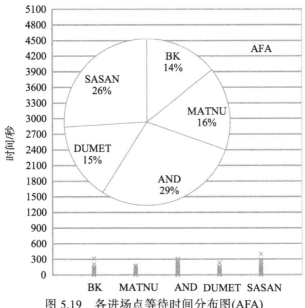

图 5.19　各进场点等待时间分布图(AFA)

AFA 通过优化分配进场点改变航班进场路径来减小终端区进场点等待时间,优化结果通过对进场航班的进场路径进行重新分配,航路下降段的飞行时间从 FCFS 的 842737.7 秒增加到 856502.5 秒,只增加了 1.7%;但进场点总等待时间由 261530.2 秒降低为 17060 秒,减少了 93.5%,优化分配进场点后通过更改从航路下降点到终端区进场点之间的飞行路径能有效吸收延误,如图 5.20 所示。

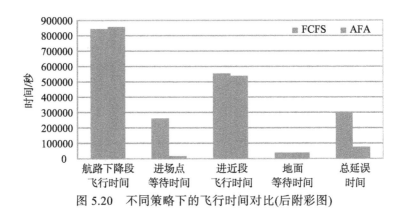

图 5.20　不同策略下的飞行时间对比(后附彩图)

由此可见,在进场点容量下降时,本书所提模型可有效均衡终端区各进场点的等待时间,使进场点总等待时间减小。

航班总延误时间在 60 代以内从 176536.3 秒迅速减小到 81088.1 秒,在 60～100

代，航班总延误时间的减小幅度变缓，从 81088.1 秒降低为 78362.5 秒，在 100 代之后，航班总延误时间趋于稳定，波动很小，如图 5.21 所示。

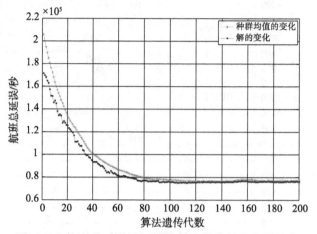

图 5.21　航班总延误时间随种群进化代数的变化趋势

图 5.22 为不同策略下累积延误总架次与延误时间的关系，其中累积延误总架次指航班延误时间小于某一延误时间的航班数量。当 SASAN 点容量降低时，FCFS中不延误的航班为 252 架，由于采取先到先服务原则，进场时间靠后的部分航班延误较大，单架最大延误达到 4500 秒，航班平均延误时间达到 414 秒/架。AFA 中通过灵活分配进场航班的进场点，大幅减少了航班延误，不延误的航班数增加到 305架，单架最大延误降低为 1597 秒，航班平均延误时间也降低为 104 秒/架。

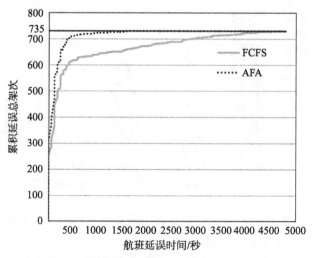

图 5.22　不同策略下累积延误总架次与延误时间

表 5.7 给出了使用 FCFS 和 AFA 时，不同延误时间对应的航班架次占航班总架次的比重。使用 AFA 方法，有 94.6% 的航班的延误时间在 10 分钟以内。

表 5.7　两种策略下航班延误架次分布

延误时间		0 分钟	0~5 分钟	5~10 分钟	>10 分钟
FCFS	架	252	321	54	108
	比例	34.3%	43.7%	7.4%	14.6%
AFA	架	305	343	47	40
	比例	41.5%	46.7%	6.4%	5.4%

5.4　基于 CDA 的终端区运行优化方法

5.3 节中研究了在进场点流量不均衡或特殊情况下进场点容量受限时通过改变飞机飞行路径来优化使用终端区空域资源的策略，在终端区内飞行，对环境的影响除燃油排放和空气质量影响外，还有对机场附近区域的噪声影响，在 10000 英尺高度以下的飞行区域对地面都会产生不同程度的噪声，按照传统的飞机进近下降程序，飞机在进近过程有较多时间在低空飞行，会对地面形成较大噪声。本节结合终端区减噪策略和资源分配方法来优化终端区运行。

5.4.1　优化模型

选择不同的进场飞行剖面飞行，除飞行高度外，飞机的飞行速度、飞机构型以及飞行姿态都会有所差别，会引起飞机进场过程中的飞行时间以及燃油流率的变化，从而导致飞机的燃油消耗不同，气体排放量也会相应改变。使用 CDA 进场航线，由图 5.11 可知，与传统方式进场相比，可显著减小机场附近噪声的大小，同时也对终端区资源分配情况产生影响。在 5.3.1.1 节的基础上增加最小化机场噪声的目标，该目标函数表示为

$$\min\left\{\max\left(L_{\mathrm{WECPN}}\left(x,y\right)\right)\right\} \tag{5.29}$$

其中，$\forall\left(x,y\right)\in\mathrm{AS}$，AS 为机场噪声评估范围。

5.4.2　实例分析

以上海浦东国际机场为例，实验条件与 5.2.3 节一致，进入终端区后使用 CDA 方式进场，优化结果如图 5.23 所示。

使用 CDA 方式进场后，总的燃油消耗量下降从 AFA 的 337725.9 千克下降到 AFA+CDA 的 306444.9 千克，进场点等待时间和航班延误时间也有所下降，但幅度

较小，平均每个航班的延误时间只减小 0.01～0.05 秒。

　　因燃油消耗量减小，气体排放也随之减小，各气体排放量如图 5.24 所示。

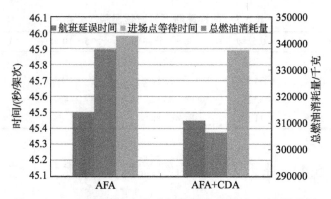

图 5.23　CDA 与传统方式进场的优化结果对比(后附彩图)

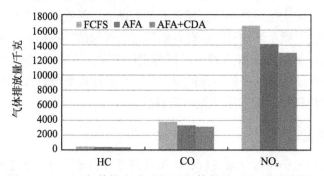

图 5.24　CDA 与传统方式进场的气体排放对比(后附彩图)

　　考虑 CDA 后的进场点使用比例及各点的平均延误时间与传统方式进场相比，优化结果如图 5.25 所示。

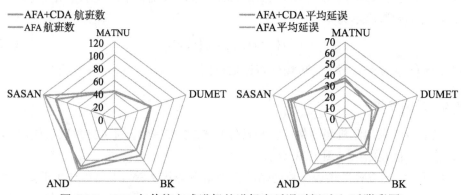

图 5.25　CDA 与传统方式进场的进场点延误时间对比(后附彩图)

此外，终端区噪声大小也发生变化，传统方式进场和 CDA 方式进场下的终端区噪声分布图，如图 5.26(a)和(b)所示。

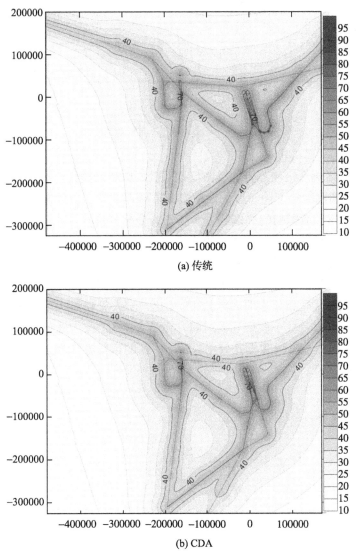

(a) 传统

(b) CDA

图 5.26　不同进场方式下上海终端进场的噪声分布图(后附彩图)

与传统方式进近相比，CDA 方式进场下，终端区内的浦东国际机场和虹桥国际机场产生的噪声分布范围有部分变化，较大噪声作用范围明显缩小，75 分贝以上的噪声范围主要分布在浦东国际机场的跑道和五边 7.3 千米内，虹桥国际机场的跑道和五边 7.4 千米内，受影响的范围如表 5.8 所示，从表中数据可以看出，使用 CDA

方式后进场噪声影响范围缩小 26%。

表 5.8　不同进场方式下噪声范围对比数据

噪声值	浦东国际机场影响范围/千米²		虹桥国际机场影响范围/千米²	
	传统	CDA	传统	CDA
75 分贝以上	23.9	22.6	6.2	4.5
70～75 分贝	53.7	36.8	12.9	7.7

5.5　本章小结

　　本章针对终端区进场点资源受限问题，引入扩展终端区概念，将终端区运行范围扩大，充分利用航路下降阶段的改航实现进场点的重新分配来减小进场点等待时间，建立了考虑环境影响的终端区进离场资源分配多目标优化模型；结合终端区噪声计算方法，评估和对比分析了传统进场方式和 CDA 进场方式下的终端区噪声分布情况，为降低终端区噪声影响，建立了基于 CDA 的终端区运行优化模型；并设计多目标遗传算法对模型进行求解，选取上海终端区进行实例验证和分析。

　　终端区运行优化结果表明，与 FCFS 相比，AFA 策略可大幅减少燃油消耗量和污染气体排放量以及减小航班延误时间，在结合了 CDA 方式后，运行优化模型可进一步节能、减排、降噪和提升效率，验证了新的运行方式和运行规则相结合可显著优化终端区运行。

第6章 面向环境保护的区域运行优化方法

从经济效益角度考虑，飞机在执行飞行任务时，都会首选燃油消耗最小的巡航速度和巡航高度。然而在实际飞行中，不同飞机在选择航路、飞行高度层和飞行机速度时，在同一区域可能会存在冲突，需要管制员采取相应的调配策略来解决冲突，以保证飞行安全、维持空中交通秩序和提高运行效率。本章基于飞机在区域飞行的特点，分析凝结尾的产生原理和对环境的影响，结合区域扇区飞行冲突解脱方法，建立环境影响的区域扇区飞行调配模型，以减小环境影响，提升运行效率。

6.1 凝结尾形成条件

飞机对环境的影响与自身的飞行状态和外界大气环境相关，与终端区飞行和场面滑行相比，飞机在区域飞行时具有飞行高度高、飞行速度快等特点，因此噪声对地面产生的影响可忽略不计，但燃油燃烧后排放出的混合气体容易在温度较低和湿度较大的高空形成凝结尾，从而导致温室效应。

凝结尾是由发动机排出的浓缩水蒸气形成的可见尾迹，是高温气体遇到低温大气而形成的，凝结尾的形成与大气温度和大气湿度有关。

大气温度是表示空气冷热程度的物理量，空气的热量来源于太阳，一部分被空气直接吸收，可使大气温度升高 0.015～0.02 摄氏度，剩余的太阳辐射一部分被反射，一部分被地面吸收，地面再通过辐射、传导和对流等方式把热量传递给空气，该热量为空气热量的主要来源。

民用飞机大都在靠近地面的对流层和平流层底部飞行，在该高度范围内，大气温度是随着高度变化的变量，高度越高，气温越低，到达平流层后保持温度不变，在标准大气压下，大气温度随高度的变化规律如图 6.1 所示。

大气湿度是指空气中的潮湿程度，表示大气中水汽含量的程度，一般用相对湿度来表示大气湿度。相对湿度(relative humidity of water，RH_W)为空气中实际水汽压与同温度下的大气饱和水汽压的比值，通常用百分比表示。在一定气温下，相对湿度越小，水汽蒸发越快；反之，相对湿度越大，水汽蒸发越慢，飞机排放出的高温气体越容易导致凝结尾形成。

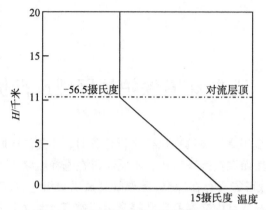

图 6.1   大气温度与飞行高度的关系图

当大气相对湿度(RH_W)大于等于某一个相对湿度时，飞机必然会形成凝结尾，将该相对湿度称为关键相对湿度 RH_C[114]。

$$RH_C = \frac{\xi \times (T - T_C) + PW(T_C)}{PW(T)} \tag{6.1}$$

$$T_C = -46.46 + 9.43\ln(\xi - 0.053) + 0.72\ln^2(\xi - 0.053) \tag{6.2}$$

$$\xi = \frac{EI_{H_2O}C_p p}{\varepsilon Q(1-\eta)} \tag{6.3}$$

其中，T 为大气温度，单位为摄氏度；

$PW(T)$ 为饱和水汽压，数值与温度 T 相关，如表 6.1 所示；

$EI_{H_2O} = 1.25$ 为水蒸气排放指数；

$C_p = 1004.3$ 焦/(千克·开)表示一定质量气体在一定压力下升高单位温度所需的能量[115]；

p 为大气压力；

ε 为 0.6222，为水和干洁空气的分子量比值；

$Q = 43 \times 10^6$ 焦/千克为燃油比热值，$\eta = 0.3$ 为发动机的平均推进效率。

表 6.1   饱和水汽压与温度的关系

T/摄氏度	−30	−20	−10	0	10	20	30
$PW(T)/(\times 10^2$ 帕)	0.51	1.25	2.87	6.11	12.28	23.90	42.48

但若大气相对湿度(RH_W)大于 100%，大气中的水汽就会以云的形态存在，同时当大气相对冰度(relative humidity of ice，RH_I)大于等于 100%时，可保持凝结尾的形态。综上所述，飞机在大气中飞行，形成凝结尾的条件为

(1) RH_W 满足：$RH_C \leqslant RH_W \leqslant 100\%$ ；

(2) RH_I 满足：$RH_I \geqslant 100\%$ 。

RH_I 是与大气相对湿度相关的变量，表示为

$$RH_I = RH_W \cdot \frac{6.0612e^{18.102T/(249.52+T)}}{6.1162e^{22.577T/(237.78+T)}} \tag{6.4}$$

6.2　区域扇区飞行冲突探测与解脱

6.2.1　飞机安全保护区模型

飞机在空域中飞行时，为保证飞行安全，必须与其他飞机保持足够安全的纵向间隔、侧向间隔和垂直间隔。在考虑通信、导航和监视设备精度情况下，给予每架飞机一个立体的安全缓冲区域，称为飞机安全保护区。

最早的飞行安全保护区为 Reich[116]提出的航空器碰撞模型，由此发展来的长方体保护区为

$$长 \times 宽 \times 高 = (2 \cdot S_{LO}) \times (2 \cdot S_{LA}) \times (2 \cdot S_V) \tag{6.5}$$

其中，S_{LO} 为安全纵向间隔，S_{LA} 为安全侧向间隔，S_V 为安全垂直间隔，如图 6.2 所示。

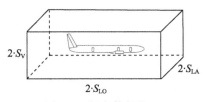

图 6.2　长方体保护区

为更方便和精确地判断飞机飞行冲突，对 Reich 模型进行修改[117,118]，将飞行安全保护区改进为圆柱体保护区模型

$$\pi \cdot 半径^2 \times 高 = (\pi \cdot S_L^2)(2 \cdot S_V) \tag{6.6}$$

其中，S_L 为安全水平间隔，如图 6.3 所示。

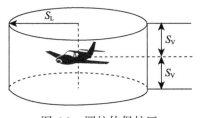

图 6.3　圆柱体保护区

当两架飞机的飞行安全保护区发生重叠时,意味着飞机间的水平间隔或垂直间隔不满足最小安全间隔,此时认为飞机发生飞行冲突。

6.2.2　区域扇区飞行冲突类型

区域扇区是由若干高空航路航线组成的空域单元,国际民航组织 Doc4444[119] 中规定飞机在区域飞行的最小水平间隔为 5 千米,此外,高空飞行高度层间隔为 600 米,飞机的区域扇区飞行安全保护区如图 6.4 所示。

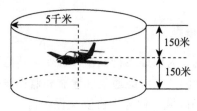

图 6.4　扇区飞行安全保护区

飞机在区域扇区中飞行因飞机类型差异、航路结构以及可使用的飞行高度层与其他飞机会发生飞行冲突,结合飞行安全保护区模型分析,可能产生的飞行冲突分为追赶冲突、交叉冲突和对头冲突三种[120]。

6.2.2.1　追赶冲突

在同一航路上同航向飞行的飞机,因其飞机类型不同,使用巡航速度也会有差别,如图 6.5 所示。在 t_1 时刻,飞机 B 和飞机 A 保持安全水平间隔在同一高度沿着同一航向飞行,但飞机 B 的飞行速度 V_B 大于飞机 A 的飞行速度 V_A,在航路上经过一段时间飞行,在 t_2 时刻,飞机 B 会追赶上飞机 A,两架飞机的飞行安全保护区重叠,发生飞行冲突,此类冲突称为追赶冲突。

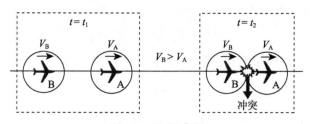

图 6.5　追赶冲突

6.2.2.2　对头冲突

区域扇区为立体的空域单元,垂直方向上会限定可使用的高度,扇区可用最小飞行高度和可用最大飞行高度之间的飞行高度层为扇区内航路可使用高度,根据高度层的"东单西双"使用规则，在同一航路上不同航向飞行的飞机会使用不同的飞行高度，不存在飞行冲突。

但若飞机改变飞行高度，必然会穿过反向飞行飞机的飞行高度层，如图 6.6 中 t_1 时刻飞机 B 在 H_1 高度飞行，飞机 A 在 H_2 高度反向飞行，此时飞机 B 需要改变飞行高度到 H_3，在 t_2 时刻爬升到 H_2 高度与飞机 A 相遇，两架飞机的飞行安全保护区重叠，发生飞行冲突，此类冲突称为对头冲突。

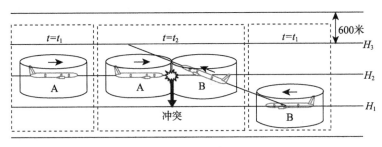

图 6.6　对头冲突

6.2.2.3　交叉冲突

飞机在区域扇区中飞行除了同向同高度和反向穿高度时会发生飞行冲突，若扇区内存在交叉航路，飞机也可能会因为侧向间隔过小发生冲突。如图 6.7 中，飞机 A 和飞机 B 沿着相交的两条航路飞行，在 t_1 时刻，飞机 A 和飞机 B 满足侧向间隔要求，而到 t_2 时刻，飞机 A 和飞机 B 的位置更靠近两条航路的交叉点，此时两架飞机的飞行安全保护区重叠，发生飞行冲突，此类冲突称为交叉冲突。

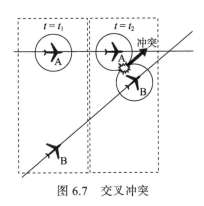

图 6.7　交叉冲突

6.2.3　区域扇区飞行冲突解脱方法

若预测飞机在区域扇区内飞行会发生飞行冲突，须提前对其进行飞行调配，以保证飞机之间的飞行安全保护区独立，满足安全间隔，避免冲突。本书中使用的飞行调配手段有速度调整、航向调整和/或高度调整。

1) 速度调整

速度调整指的是通过改变飞机速度来规避飞行冲突的方法，包括增加和减小飞机速度两种策略，飞机间的调速策略须根据飞行冲突类型确定。

以追赶冲突为例说明速度调整策略，如图 6.5 中的飞机 A 和飞机 B，在 t_2 时刻发生飞行冲突，若采用速度调整策略，可在 t_1 时刻减小飞机 B 的速度或者增加飞机 A 的速度，使得飞机 B 的速度小于等于飞机 A 的速度，以保证运行到 t_2 时刻仍能保持安全间隔，如图 6.8 所示。

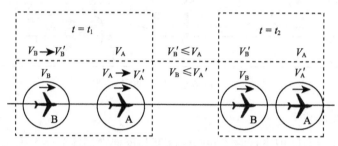

图 6.8　追赶冲突(速度调整策略)

2) 航向调整

航向调整指的是改变飞机的飞行轨迹也就是航向来规避飞行冲突的方法，包括顺时针和逆时针改变飞机航向两种策略，飞机的航向调整策略也须根据飞行冲突类型来确定。

以交叉冲突为例说明航向调整策略，如图 6.7 中飞机 A 和飞机 B 在航路汇聚飞行时发生交叉冲突，若使飞机 A 偏转一定的角度飞行，避免 t_2 时刻的飞行冲突，飞行一段时间后恢复原航向与原航路偏置一段距离飞行，在 t_3 时刻两架飞机规避所有可能的冲突，飞机 A 再恢复原航路继续飞行，如图 6.9 所示。

3) 高度调整

高度调整指的是改变飞机的飞行高度以规避飞行冲突的方法，包括上升高度和下降高度两种策略，飞机的高度调整策略同样需要根据飞行冲突类型来确定。

以对头冲突为例说明高度调整策略，如图 6.6 中飞机在穿越高度时发生冲突，若在飞机 B 上升一定高度的同时使飞机 A 下降一定高度来避免在同一高度层相遇而发生冲突，如图 6.10 所示。

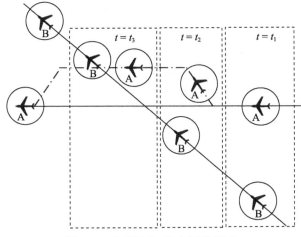

图 6.9 交叉冲突(航向调整策略)

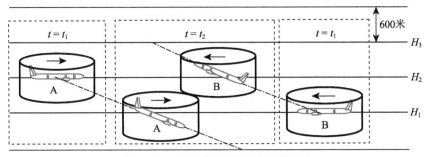

图 6.10 对头冲突(高度调整策略)

6.3 考虑环境影响的区域扇区飞行调配优化方法

6.3.1 目标函数

区域扇区内飞行的飞机对环境产生的影响主要为污染气体排放和凝结尾的温室效应,因此,在优化飞行冲突调配策略时考虑最小化凝结尾数量和燃油消耗量,同时,尽量减小飞机在扇区内的飞行时间以降低航班延误。因此,可通过建立多目标来综合优化飞行调配策略。

1) 最小化凝结尾数量

用 NCF(number of contrail flight)表示符合凝结尾产生条件的飞机数量,NCF 值越大表明区域扇区内产生的凝结尾的数量越多,引起的温室效应作用越强,对环境的影响也越大。NCF^w 为时间段 w 内符合凝结尾产生条件的扇区的飞机数量。

$$\text{NCF}^w = \sum_{i \in F} \sum_{a \in \text{FL}} \lambda_{i,a}^w \beta_a^w \tag{6.7}$$

$$\lambda_{i,a}^w = \begin{cases} 1, & \text{时间窗}w\text{内飞机}i\text{在飞行高度层}a\text{上飞行} \\ 0, & \text{否则} \end{cases} \tag{6.8}$$

$$\beta_a^w = \begin{cases} 1, & \text{时段窗}w\text{内飞行高度层}a\text{满足凝结尾产生条件} \\ 0, & \text{否则} \end{cases} \tag{6.9}$$

其中，F 为航空器集合；FL 为扇区可用高度层集合。

最小化凝结尾数量可表示为

$$\min \text{NCF} = \min \left(\sum_{w \in W} \text{NCF}^w \right) = \min \left(\sum_{w \in W} \sum_{i \in F} \sum_{a \in \text{FL}} \lambda_{i,a}^w \beta_a^w \right) \tag{6.10}$$

2) 最小化燃油消耗

飞机飞越区域扇区时，若未发生飞行冲突，消耗的燃油量为沿扇区内航路平飞所需燃油量，若与其他飞机发生飞行冲突，须冲突解脱，此时飞机燃油消耗量的大小会随着实施的冲突解脱策略的差异而不同，因此，最小化燃油消耗量可表示为

$$\min \sum_{i \in F} \text{FW}_i = \min \sum_i \left(\text{FW}_i^C + \text{FW}_i^V + \text{FW}_i^D + \text{FW}_i^H \right) \tag{6.11}$$

其中，FW_i^C 为保持巡航平飞的燃油消耗量；

FW_i^V 为使用速度调整策略时飞机 i 所消耗的燃油量；

FW_i^D 为使用航向调整策略时飞机 i 所消耗的燃油量；

FW_i^H 为使用高度调整策略时飞机 i 所消耗的燃油量。

飞机在区域扇区飞行的过程属于飞行剖面中的巡航阶段，巡航阶段一般为等高等指示空速或等马赫数的平飞运动，燃油效率较高。巡航平飞时的燃油消耗量为

$$\text{FW}_i^C = \text{FF}_i^C \cdot t_i^C \tag{6.12}$$

其中，t_i^C 为飞机 i 在扇区保持巡航平飞的时间；

FF_i^C 为飞机 i 在巡航时的燃油流率，是与飞机飞行速度和飞行高度相关的变量。

各机型在给定高度和给定速度下的燃油流率可由 BADA3.11 中获得。以 B738 机型为例，表 6.2 给出了其在不同高度和速度下巡航时的燃油流率。

当发生飞行冲突时，使用不同的冲突调配策略，飞机的发动机状态也发生变化，燃油流率和燃油消耗量也随之改变。

采用速度调整策略时，飞机须经历加速和减速两个过程，燃油消耗量可表示为

$$\text{FW}_i^V = \chi_i^V \cdot \text{FF}_i^V \cdot t_i^V \tag{6.13}$$

其中，t_i^V 为飞机 i 在速度调整时的经历时间；

χ_i^V 为决策变量，采用速度调整策略时为 1，否则为 0。

从表 6.2 中的数据可以看出，B738 机型在同一高度下，飞机的燃油流率与飞行速度呈线性关系，如图 6.11(a)所示，因此，加速或减速过程中的燃油流率为

$$\mathrm{FF}_i^V = \frac{\left(\mathrm{FF}_i^{V_1} + \mathrm{FF}_i^{V_2} \right)}{2} \tag{6.14}$$

其中，$\mathrm{FF}_i^{V_1}$ 为飞机 i 在速度调整策略实施前原始速度为 V_1 时的燃油流率，$\mathrm{FF}_i^{V_2}$ 为飞机 i 在速度调整策略实施后速度为 V_2 时的燃油流率。

表 6.2　B738 机型的巡航燃油流率

速度/马赫	高度/米	CAS/节	TAS/节	FF/(千克/秒)
0.8	9200	302.7	471.1	0.7797
	9800	289.9	467	0.73139
	10400	277.4	463	0.68864
	11000	265.2	458.9	0.65135
0.79	9200	298.5	465.2	0.76325
	9800	285.9	461.2	0.71688
	10400	273.6	457.2	0.67596
	11000	261.5	453.1	0.64042
0.78	9200	294.4	459.3	0.74723
	9800	282	455.4	0.70277
	10400	269.8	451.4	0.66366
	11000	257.9	447.4	0.62985
0.77	9200	290.3	453.4	0.73164
	9800	278	449.5	0.68906
	10400	266	445.6	0.65175
	11000	254.2	441.6	0.61965

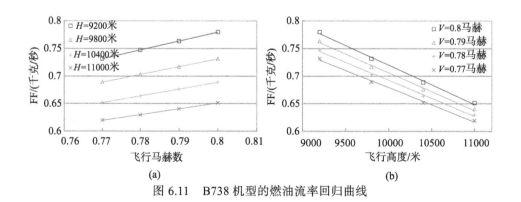

图 6.11　B738 机型的燃油流率回归曲线

采用航向调整策略时，飞机的运动轨迹如图 6.12 所示，AB、CD 和 EF 段为等高直线运动，该过程中的燃油消耗量计算方法与巡航平飞段相同，图中 BC 和 DE 弧线段为三个直线段之间的连接部分，飞机航向改变时沿弧线飞行。

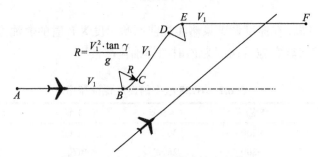

图 6.12　飞机航向调整后的飞行轨迹

飞机转弯时所需的向心力由飞机升力的分量提供，则所需升力为

$$L = \frac{W}{\sin \gamma} \tag{6.15}$$

其中，γ 为转弯时飞机的坡度。

与平飞相比，速度和高度相同时，转弯时所需升力增大，根据式(2.4)可得所需 C_L 增大，C_D 也会增大，导致阻力增大，飞机所需推力增加，发动机燃油流率 FF_i^T 增加为

$$\mathrm{FF}_i^T = \frac{\mathrm{FF}_i^C}{\sin \gamma} \cdot \frac{C_{L1}}{C_{D1}} \cdot \frac{C_{D2}}{C_{L2}} \tag{6.16}$$

其中，C_{L1} 为巡航时的升力系数；C_{L2} 为转弯时的升力系数；

C_{D1} 为巡航时的阻力系数；C_{D2} 为转弯时的阻力系数。

因此，飞机航向调整时的燃油消耗量 FW_i^D 可表示为

$$\mathrm{FW}_i^D = \chi_i^D \cdot \left(\mathrm{FF}_i^C \cdot t_i^{\mathrm{DC}} + \mathrm{FF}_i^T \cdot t_i^{\mathrm{DT}} \right) \tag{6.17}$$

其中，χ_i^D 为决策变量，采用航向调整策略时为 1，否则为 0；

t_i^{DC} 为航向调整过程中直线平飞的时间；

t_i^{DT} 为航向调整过程中转弯的时间。

采用高度调整策略时，飞机会经历爬升和下降，燃油消耗量 FW_i^H 可表示为

$$\mathrm{FW}_i^H = \chi_i^H \cdot \left[\mathrm{FF}_i^{\mathrm{HC}} \cdot t_i^{\mathrm{HC}} + \mathrm{FF}_i^{\mathrm{HD}} \cdot t_i^{\mathrm{HD}} + \left(\mathrm{FF}_i^C + \Delta \mathrm{FF}_i^C \cdot \Delta H_i \right) \cdot t_i^{\mathrm{NC}} \right] \tag{6.18}$$

其中，χ_i^H 为决策变量，采用高度调整策略时为 1，否则为 0；

$\mathrm{FF}_i^{\mathrm{HC}}$ 和 $\mathrm{FF}_i^{\mathrm{HD}}$ 分别为爬升和下降燃油流率，各机型数据可由 BADA3.11 中获得。

t_i^{HC} 和 t_i^{HD} 分别为爬升和下降过程经历的时间；

ΔH_i 为飞机 i 高度改变量；

k 为燃油流率随高度的变化率，如图 6.11(b)中 B738 在给定速度下，燃油流率随着高度的升高而减小；

t_i^{NC} 为新高度层巡航时间。

飞机巡航阶段因消耗燃油而产生的气体排放量 E_j 为

$$E_j = \sum_i \mathrm{EI}_j^i \cdot \mathrm{FW}_i \tag{6.19}$$

其中，EI_j^i 为航空器 i 的第 j 种排放物的排放指数。

3) 最小化航班延误

飞机在通过扇区时，沿着航路飞行离开扇区，在无飞行冲突时，飞机预计离开扇区的时间为 ETO_i，若发生飞行冲突，飞机实际离开扇区的时间为 ATO_i。当经过扇区的飞机在发生飞行冲突并解脱后，航班延误最小化目标函数可表示为

$$\min \sum_i \left(\mathrm{ETO}_i - \mathrm{ATO}_i \right) \tag{6.20}$$

6.3.2　约束条件

扇区内的飞机寻找最优的冲突解脱策略时，须同时满足空域运行和航空器飞行的限制，约束条件如下：

1) 间隔约束

$$d_{ij} \leqslant S_{ij} \tag{6.21}$$

其中，d_{ij} 为飞机 i 和飞机 j 之间的距离，S_{ij} 为飞机 i 和飞机 j 之间的安全间隔。

2) 容量约束

$$\sum_i \xi_{i,k}^w \leqslant C_k^w \tag{6.22}$$

$$\xi_{i,k}^w = \begin{cases} 1, & \text{飞机}i\text{在时间窗}w\text{内经过航段}k \\ 0, & \text{否则} \end{cases} \tag{6.23}$$

$$\sum_i \eta_{i,p}^w \leqslant C_p^w \tag{6.24}$$

$$\eta_{i,p}^w = \begin{cases} 1, & \text{飞机}i\text{在时间窗}w\text{内经过航路点}p \\ 0, & \text{否则} \end{cases} \tag{6.25}$$

其中，C_k^w 为航段 k 在时间窗 w 内的容量，C_p^w 为航路点 p 在时间窗 w 内的容量。

3) 机动能力约束

飞机通过速度调整、航向调整和高度调整等策略来解决冲突，在策略实施过程中，意味着飞机做机动飞行。

民用航空除要保证飞行安全外还须考虑旅客乘机的舒适感，CCAR25 部中规定，飞机机动飞行产生的过载必须控制在[−1,2.5]的极限范围内[121]。对扇区内在做机动飞行的飞机有如下约束条件：

➤ 速度调整的机动限制

速度的增加和减小的变化范围控制在[−6%,3%]的范围

$$-6\% \leqslant \frac{V_2 - V_1}{V_1} \leqslant 3\% \tag{6.26}$$

其中，V_1为调速前的速度，V_2为调速后的速度。

➤ 航向调整的机动限制

航向改变的范围控制在$[-\pi/9, \pi/9]$的范围内(逆时针为负，顺时针为正)

$$-\pi/9 \leqslant \Delta\mathrm{HT}_i \leqslant \pi/9 \tag{6.27}$$

其中，$\Delta\mathrm{HT}_i$为飞机i的航向改变量。

➤ 高度调整的机动限制

高度的上升和下降最多只能改变一个高度层

$$|\Delta H_i| \leqslant 600 \tag{6.28}$$

4) 飞机性能约束

飞机爬升率和下降率不能超过最大爬升率和下降率

$$\frac{600}{t_i^{\mathrm{HC}}} \leqslant \mathrm{RC}_i^{\max} \tag{6.29}$$

$$\frac{600}{t_i^{\mathrm{HD}}} \leqslant \mathrm{RD}_i^{\max} \tag{6.30}$$

其中，$\mathrm{RC}_i^{\max}$为飞机i的最大爬升率，$\mathrm{RD}_i^{\max}$为飞机i的最大下降率。

6.3.3 算法设计

随着区域扇区的冲突点数量增加，飞行冲突解脱的计算工作量较大，因此，本章选取带精英策略的非支配排序遗传算法(NSGA-II)模型进行求解，NSGA-II 的算法流程参见图 4.7。对于区域运行优化问题，NSGA-II 算法实现的具体步骤如下：

第一步：染色体编码。对航班进行染色体编码，染色体中的基因为飞机在其飞行航路上过每个冲突点的飞行冲突调配策略编码，如图 6.13 所示，c_{ij}为飞机f_i过冲突点j的飞行冲突调配策略编码。

第二步：生成初始种群。根据飞机初始的飞行路径和进入扇区时刻，随机生成飞机在各冲突点的飞行调配策略，为保证初始解集具备一定的差异性，提高算法获取全局最优解的可能性，要求种群中 Hamming 距离大于某一预先设定值的染色体

数量必须超过一定的比例。

	f_1		…		f_i		…		f_n
冲突点1	c_{11}				c_{i1}				c_{n1}
冲突点j	c_{1j}				c_{ij}				c_{nj}
⋮									
冲突点m	c_{1m}				c_{im}				c_{nm}

图 6.13　遗传算法染色体编码示意图

第三步：适应度函数。为满足遗产算法适应度函数的单值、连续、非负和最大化等条件，基于区域扇区运行优化模型的三个目标函数：最小化凝结尾数量、最小化燃油消耗和最小化飞行延误时间，设计适应度函数为

$$\text{Fit}_1 = \left(\sum_{w \in W} \sum_{i \in F} \sum_{a \in \text{FL}} \lambda_{i,a}^{w} \beta_a^{w} \right)^{-1} - \tau \times N_C \tag{6.31}$$

$$\text{Fit}_2 = \left(\sum_{i \in F} \left(\text{FW}_i^C + \text{FW}_i^V + \text{FW}_i^D + \text{FW}_i^H \right) \right)^{-1} - \tau \times N_C \tag{6.32}$$

$$\text{Fit}_3 = \left(\sum_{i} \left(\text{ETO}_i - \text{ATO}_i \right) \right)^{-1} - \tau \times N_C \tag{6.33}$$

其中，τ 为无穷大的正数，N_C 为染色体中飞机存在的冲突次数，若飞机在选定调配策略后仍然存在飞行冲突现象，其适应度值会趋于无穷小。

第四步：选择、交叉、变异。通过二进制锦标赛法选择生成父代种群，再通过交叉、变异得到子代种群。本章中的遗传算法控制参数为：种群规模设置为 400，终止进化代数设置为 700，交叉概率设置为 0.8，变异概率设置为 0.01，执行遗传操作时采用线性重组交叉和随机因子变异规则。

第五步：精英保留策略。对子代种群的染色体进行扇区飞行冲突探测与解脱，并判断是否满足约束条件，若不满足须丢弃该染色体，将处理后的子代种群和父代种群合并，计算染色体的适应度值，采用精英保留策略保留较优解对应的染色体，生成新种群作为新的父代种群。

第六步：判断进化代数是否等于设定的终止进化代数，等于则结束算法，否则返回第四步。

6.4　区域扇区飞行调配优化实例分析

结合多目标扇区飞行调配模型和算法，选取上海区域 20 号扇区(ZSSSAR20)为对象，实际分析扇区飞行调配策略对环境影响。

6.4.1　基础数据分析

6.4.1.1　扇区概况

上海区域 20 号扇区(ZSSSAR20)为华东地区的区域扇区之一，水平管制边界如图 6.14 所示，垂直边界为 7800 米以上，为典型的高空管制扇区。

扇区内包含 4 条双向航路(NF⇄SHR、P47⇄P252、P263⇄P48 和 SHR⇄P25)、7 个扇区进入点和离开点(NF、SHR、P47、P48、P25、P263 和 P252)和 3 个航路交叉点(C、P215 和 SHR)。

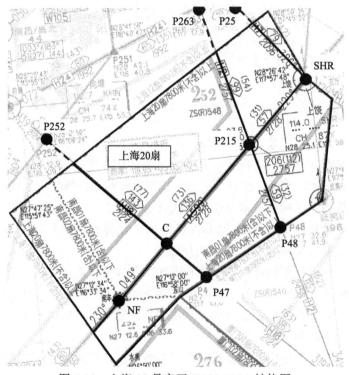

图 6.14　上海 20 号扇区(ZSSSAR20)结构图

对 2015 年 4 月 6 日的实际航班数据进行统计,各航路流量比例如图 6.15 所示,各机型比例如图 6.16 所示。

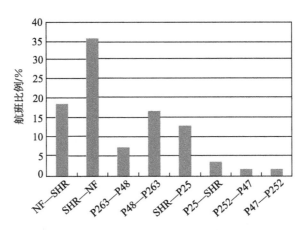

图 6.15　ZSSSAR20 扇区内的航路流量分布

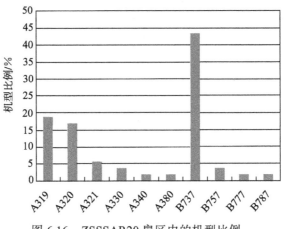

图 6.16　ZSSSAR20 扇区内的机型比例

6.4.1.2　气象数据

利用 BADA3.11 数据库,可获取各型号的飞机在巡航阶段以不同的速度和高度飞行时的燃油流率。

因飞机的凝结尾产生与飞行高度层上的气象数据相关,根据扇区中心点的经纬度(117°15′40″,27°49′38″)从怀俄明大学大气科学工程学院的 Upper air data 中可获得该地理位置在 2015 年 4 月 6 日不同高度层上的气象数据,见表 6.3。

表 6.3　ZSSSAR20 扇区气象数据

高度/米	气压/(×10² 帕)	温度/摄氏度	相对湿度/%
50	1014	9.8	90
166	1000	8.7	89
810	925	4.8	88
1508	850	7	87
3126	700	4.3	88
5800	500	−21.5	40
7480	400	−37.5	20
9560	300	−48.3	44
10810	250	−59.1	37
12280	200	−62.1	33

根据气象数据中的高度和温度数值，使用式(6.1)～式(6.4)计算不同飞行高度层的相对湿度和相对冰度，计算结果如表 6.4 所示。

表 6.4　各飞行高度层的凝结尾形成条件

飞行高度层/米	RH_W/%	RH_C/%	RH_I/%	是否产生凝结尾
7800	23.7	98.9	69.2	否
8100	27.2	97.2	83.7	否
8400	30.6	94.7	99.7	否
8900	36.4	88.6	130.0	否
9200	39.8	83.7	150.8	否
9500	43.3	77.8	173.7	否
9800	42.7	62.4	187.5	否
10100	41.0	38.1	199.6	是
10400	39.3	5.0	212.8	是
10700	37.6	0.0	227.4	是
11000	36.5	0.0	233.7	是
11300	35.7	0.0	234.7	是
11600	34.9	0.0	235.6	是

由表 6.4 中数据可以看出，飞机在飞行高度层 9800 米(含)以下飞行不会形成凝结尾，而在 9800 米以上会形成凝结尾。

6.4.1.3　航班数据

根据区域扇区各航路的流量比例以及机型比例随机生成 100 个航班流数据，飞机从扇区进入点按管制移交间隔进入扇区，因飞机的航线使用和机型不同，飞机的飞行速度、使用的飞行高度也存在差异，会造成飞机间的飞行冲突，一旦发生飞行冲突，可选择的飞行冲突调整策略编号见表 6.5。

表 6.5　飞行冲突调整策略编码

调配策略	编码	调配策略	编码
状态不变	0	速度减小 1%	8
上高度层	1	速度增加 1%	9
下高度层	2	速度增加 2%	10
速度减小 6%	3	速度增加 3%	11
速度减小 5%	4	航向改变 5	12
速度减小 4%	5	航向改变 10	13
速度减小 3%	6	航向改变 15	14
速度减小 2%	7	航向改变 20	15

6.4.2　结果分析

使用气象数据和航班数据，通过 VC++和 MATLAB 编程工具实现遗传算法优化模型。本实例中的遗传算法控制参数为：种群规模设置为 200，终止进化代数设置为 700，交叉概率设置为 0.8，变异概率设置为 0.01，执行遗传操作时采用线性重组交叉和随机因子变异规则。

图 6.17～图 6.19 分别给出了 ZSSSAR20 扇区内产生的凝结尾数量、燃油消耗总量和所有航班总延误时间的遗传算法优化过程。

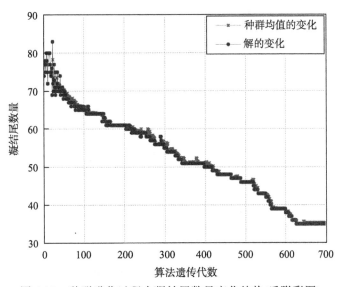

图 6.17　种群进化过程中凝结尾数量变化趋势(后附彩图)

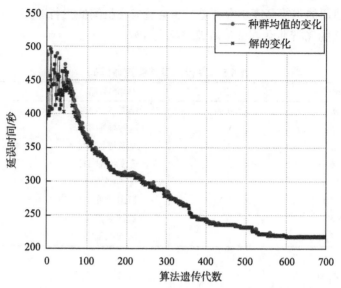

图 6.18　种群进化过程中延误时间变化趋势(后附彩图)

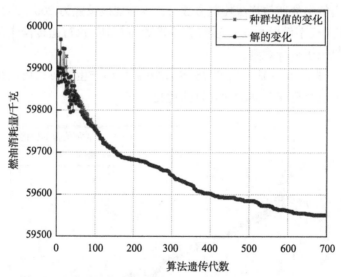

图 6.19　种群进化过程中燃油消耗量变化趋势(后附彩图)

　　扇区内的凝结尾数量在 550 代以内从 83 减小到 39，在 550～600 代，减小幅度变缓，从 39 降低为 35，在 600 代之后，趋于稳定，波动很小。

　　飞机总延误时间在 400 代以内从 460 迅速减小到 242，在 400～600 代，减小幅度变缓，从 242 降低为 218，在 600 代之后，趋于稳定，波动很小。

　　燃油消耗量在 500 代以内从 59788.1 千克迅速减小到 59585.3 千克，在 500～

650 代，减小幅度变缓，从 59585.3 千克降低为 59552.0 千克，在 650 代之后，趋于稳定，波动很小。

　　根据飞机的初始飞行状态，经过冲突探测，可知扇区内存在初始潜在冲突次数为 103 次。优化后扇区内飞机使用的各调整策略分配比重如图 6.20 所示，图中系列名称对应于表 6.5 中调整策略编号。

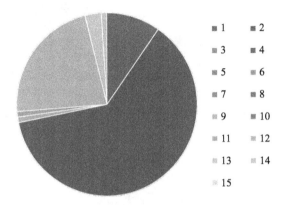

图 6.20　各调配策略比重(后附彩图)

　　扇区内飞机的巡航高度可根据飞机类型和参照《管制一号规定》给其分配飞行高度初始值，本例中 100 个航班的初始飞行高度分配比例见表 6.6。遗传算法优化后，飞机在扇区内产生凝结尾的航班数量从初始的 83% 减少到 29%。

表 6.6　航班飞行高度比例

初始飞行高度/米	流量比例	是否产生凝结尾
≤9800	17%	否
>9800	83%	是

　　从图 6.20 和表 6.6 可以看出，本例中采用的策略中高度调整策略比重最大，因为将减小凝结尾数量作为优化目标，在 10400 米高度上飞行的飞机会倾向于下降到 9800 米高度，而从燃油消耗量减小的角度出发，低高度飞行的燃油流率较大，飞机会更倾向于升高飞行高度来节省燃油，因此，从这两个目标考虑，飞机会更多地选择上升和下降高度的策略来解决飞行冲突。

　　若不使用高度调整策略，只采用速度调整和航向调整策略来解决飞行冲突，扇区内产生凝结尾数量保持初始值 83 不变，飞机总延误时间和总燃油消耗量与结合高度策略相比有所增加，如图 6.21 所示。只使用速度和航向调整策略，优化后的飞行冲突调整策略分配比例如图 6.22 所示。

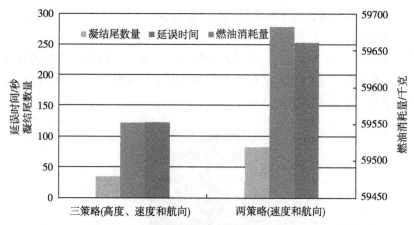

图 6.21　使用和未使用高度调整策略的优化结果对比(后附彩图)

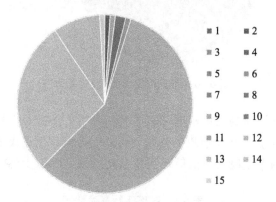

图 6.22　两策略(速度和航向调整策略)下各策略比重(后附彩图)

采用高度调整策略,因 9800 米(含)以下的飞行高度层不会产生凝结尾,为产生更少的凝结尾,飞机会尽量选择 9800 米(含)以下的飞行高度层,而当飞行高度降低时,飞机的燃油消耗率会增加,为减小燃油消耗量,一部分飞机会选择在 9800 米高度以上飞行,且由图 6.11 可知高度升高引起的燃油消耗率的减幅要比速度以及航向改变引起的燃油消耗率减幅更大,因此,结合高度调整策略,优化后的燃油消耗总量要更低,同时优化后的凝结尾数量也会减小,温室效应影响也会减弱。

若初始巡航高度分配不同,优化目标值也有相应的差别,例如,若本例中 9800 米(含)以下的航班比例占 83%时,优化结果与原初始高度分配比例(10400 米(含)以上航班比例为 83%)结果对比如图 6.23 所示。

在新初始高度层分配比例下进行飞行冲突调配时,因 9800 米(含)以下的飞行高度不会产生凝结尾,为减小凝结尾数量,飞机会尽量保持一定高度,此时,航向和速度调整策略的使用比例增大，如图 6.24 所示，与图 6.20 相比，高度策略使用比例下降，使得燃油消耗量和延误时间都随之增大。

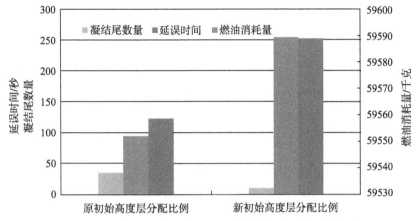

图 6.23　不同初始高度层分配下优化结果对比(后附彩图)

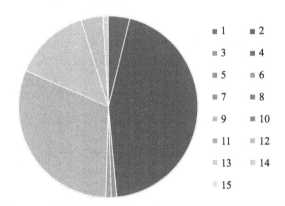

图 6.24　新初始高度层分配下的各策略比重(后附彩图)

从图 6.24 和图 6.20 的调配策略比重可以看出飞机对速度调配策略的选择比例最小，若只采用速度调配策略解决飞行冲突，本例给出的速度调配策略为速度在 $-6\%\sim3\%$ 波动，对飞机巡航阶段来说，速度变化量在 $-27\sim14$ 节范围内，可能会出现扇区内飞机的飞行冲突无法完全解脱的情况，如图 6.25 所示，冲突次数在 500 代之后一直保持 81 次不再减小，而同时采用三种策略时再遗传到 74 代选择的调配策略就可解决所有的飞行冲突。因为适应度函数中将飞行冲突次数作为惩罚函数，当选择速度策略无法实现飞行冲突解脱时，该染色体会被淘汰，经过精英策略优化后，包含了速度选择策略的染色体的数量会比其他策略的相对少很多。

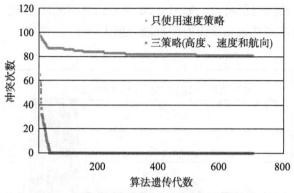

图 6.25　速度调整策略下的冲突次数变化

本例中飞机在航路飞行阶段保持的间隔设定为最小 10 千米，而在实际运行过程中，考虑管制员和飞行员的个体差异以及监视、导航和通信设备的误差，会在此安全间隔上加上一个管制裕度，以确保飞行安全。安全间隔增大意味着飞行安全保护区范围扩大，此时，在进行飞行冲突调配时，优化结果如图 6.26 所示。

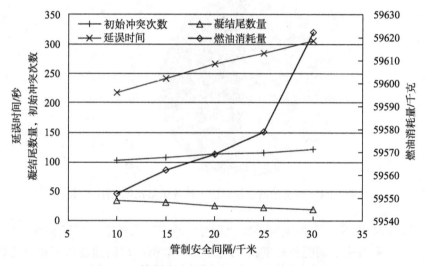

图 6.26　管制安全间隔对飞行调配策略的影响

从图 6.26 中可以看出，当安全间隔从 10 千米增加到 30 千米时，初始探测到的飞行冲突从 103 次逐渐增加到 122 次，增加了 18.4%，当飞行冲突增加时，飞机应更倾向于高度调整策略，可以看出为解决产生的更多飞行冲突，飞机在高度上改变量增加，使得凝结尾数量减小，优化结果从 10 千米的 35 次减小到 30 千米的 20 次，减小了 42.9%，降低高度飞行的架次飞机也同时增加，导致燃油消耗量增大，从 59647 千克增加到 59735 千克，减小了 0.15%。

6.5　本 章 小 结

　　本章分析了飞机在区域飞行过程中形成凝结尾的气象条件，并给出了计算方法，以区域扇区为对象，结合扇区飞行的冲突类型以及冲突解脱方法，建立了扇区飞行调配多目标优化模型，并设计多目标遗传算法对模型进行求解，选取上海区域 20 号扇区进行实例验证和分析，并研究了各冲突调配策略对区域扇区运行的影响以及灵敏度分析。

　　区域扇区运行优化结果表明，运行优化模型可有效降低飞机在扇区内飞行时产生的凝结尾数量、燃油消耗量和航班延误时间。高度调整策略的实施可显著减小凝结尾数量，且当同时考虑凝结尾数量和燃油消耗量为优化目标时，飞机更倾向于选择高度调配策略，可更好地减小区域空中交通运行对环境的影响和提升区域扇区运行效率。

第7章　总结与展望

本书从节能、减排和降噪的环保理念出发，系统深入地研究了绿色航空发展背景下的空中交通运行优化管理问题，初步构建了绿色空中交通管理技术体系。本章总结了本书的主要研究成果，分析了当前研究存在的局限性，并对下一步的研究方向进行了展望。

7.1　总　　结

本书针对空中交通运行对环境的影响，通过数据挖掘、模型建立和仿真验证等手段研究了绿色空中交通管理技术，主要研究结论和成果如下。

(1) 剖析了空中交通运行与环境影响之间的关联性。分析了航空器在不同大气条件和不同飞行阶段呈现的飞行速度、飞行高度和发动机推力等飞行特性差异，以飞行剖面为基线，剖析了航空器在机场场面、终端区和区域等不同空域单元的环境影响关注点，包括航空排放、温室效应、航空噪声等，并分别给出了切实可行的环境影响缓解措施。

(2) 建立了机场环境容许空中交通量评估方法。根据航空器在LTO各飞行航段的污染物排放特点，完善了机场大气污染物浓度评估方法，分析了气象条件、航空器特性和空中交通等对机场大气污染物浓度的影响机理，得出空中交通小时架次和日架次与机场大气污染物浓度的线性关系；基于环境容量和空域容量的概念，对机场环境容许空中交通量进行了定义，通过选取上海浦东国际机场为典型实例，评估了其在满足环境空气质量标准下的小时和日环境容许交通量，并研究了在不同飞行流量增长率下当前运行模式的发展瓶颈时间。

(3) 建立了面向环境保护的场面运行优化方法。从绿色滑行角度出发，分析了使用不同滑行动力时航空器各动力装置的使用时间分配，与场面交通运行模式相结合，构建了全发、单发和电子滑行等不同滑行场景，综合考虑多种约束条件，建立了多场景场面运行优化模型。实例验证结果表明，使用电子滑行方式可大大降低航空器的燃油消耗和污染气体排放，所提方法可明显提升机场场面运行效率。

(4) 建立了面向环境保护的终端区运行多目标优化方法。从终端区运行瓶颈切入，建立扩展终端区概念，利用航路下降段的改航替代终端区进场点的等待来降低燃油消耗，同时考虑气体排放和航班延误建立多目标终端区资源分配优化模型，实现 AFA，实例验证结果表明，AFA 策略可显著缓解进场点运行瓶颈问题。此外，在终端区内对航空器进场剖面进行优化，结合 CDA 和资源分配优化模型降低终端区噪声优化终端区运行，实例验证结果表明，使用 CDA 方式后，可进一步提升终端区运行效率，并减弱了对环境的影响。

(5) 建立了面向环境保护的区域运行优化多目标方法。以区域扇区为对象，分析高空管制扇区航空气象数据，计算凝结尾形成条件；根据管制运行规则，结合航空器飞行特性，建立了扇区飞行调配策略多目标优化模型，并分析了区域扇区气象条件、不同调配策略组合对区域扇区运行优化的影响。实例验证结果表明，当同时考虑凝结尾数量和燃油消耗量为优化目标时，飞机更倾向于选择高度调配策略，可更好地减小区域空中交通运行对环境的影响。

7.2　展　　望

在当今全球变暖、大气污染、资源匮乏的严峻形势之下，环境保护已成为国际航空领域的研究热点和关注焦点，基于绿色航空理念对空中交通管理理论方法进行拓展具有十分重要的理论价值和应用价值。本书虽深入分析了空中交通运行与环境影响之间的相互作用，并建立了机场环境允许交通量评估方法以及面向环保的机场场面、终端区、区域空中交通运行优化方法，但由于时间和精力有限，相关研究尚存在一定的局限性，后续研究可在本书研究成果的基础上重点针对以下几个方面进行完善：

(1) 本书在优化空中交通运行时使用了部分流量管理手段来实现目标，后续可将环境保护目标与已有的空中交通流量管理手段进行更为紧密的融合，为多维度全面地优化空中交通运行提供更多的选择空间。

(2) 本书在建立模型时给出了一些假设条件以方便理论研究，后续工作须考虑实际情况，对建模条件进行健全完善，从而使优化方法更符合实际应用。

(3) 本书在建立优化模型时包含了航空器之间的飞行冲突探测与解脱方法，对航空器的飞行剖面优化涉及内容却较少，后续可在优化方法中采用航空器飞行剖面优化和航空器之间的运行优化相结合的方式来改进评估模型。

(4) 本书使用凝结尾的数量来衡量空中交通对温室效应的影响，后续可根据航空器机型特性，结合航空气象数据，使用强迫辐射等参数更精确地衡量凝结尾产生的温室效应。

(5) 本书仅选取涡扇发动机分析，没有对活塞式等其他类型的发动机进行分析，但是随着通用航空的发展，这类航空器使用会逐渐增加，不可忽视。

(6) 本书没有考虑这些优化方法和技术所带来的其他费用的增加、操作流程对安全的影响，如电子滑行装置的加装、培训费用等。

参 考 文 献

[1] 李楠, 董健康.我国民航业节能减排面临的国际形势与行动对策.综合运输, 2009, 11: 32-35.

[2] 杨万柳.国际航空排放全球治理的多维进路.吉林大学博士学位论文, 2014.

[3] 魏孝强.国外空管节能减排现状分析及对我国的启示.科技创新, 2015, 21: 51-52.

[4] 田勇.空中交通流量管理关键技术研究. 南京航空航天大学博士学位论文, 2009.

[5] Carlier S, de Lepinay I, Hustache J C, et al. Environmental impact of air traffic flow management delays. IEEE, 2007 ATM Seminar, Barcelona: IEEE, 2007:1-13.

[6] Nikoleris T, Gupta G, Kistler M. Detailed estimation of fuel consumption and emissions during aircraft taxi operations at Dallas/Fort Worth International Airport. Transportation Research Part D, 2011, 16 (4): 302-308.

[7] Khadilkar H, Balakrishnan H. Estimation of aircraft taxi fuel burn using flight data recorder archives. Transportation Research Part D, 2012, 17(7):532-537.

[8] Song S K, Shon Z H. Emissions of greenhouse gases and air pollutants from commercial aircraft at international airports in Korea. Atmospheric Environment, 2012, 61: 148-158.

[9] Wijnterp C, Roling P C, de Wilde W, et al. Electric Taxi Systems: an operations and value estimation. AIAA, 14th AIAA Aviation Technology, Integration, and Operations Conference, Atlanta: AIAA, 2014: 1-16.

[10] Roling P, Sillekens P, Curran R, et al. The effects of Electric Taxi Systems on airport surface congestion. AIAA, 15th AIAA Aviation Technology, Integration, and Operations Conference, Dallas: AIAA, 2015:1-10.

[11] Hospodka J. Cost-benefit analysis of electric taxi systems for aircraft. Journal of Air Transport Management, 2014, 39:81-88.

[12] Koeners G J M, Stout E P, Rademaker R M. Improving taxi traffic flow by real-time runway sequence optimization using dynamic taxi route planning. IEEE, 30th Digital Avionics Systems Conference, Seattle: IEEE, 2011: 2C3-1-2C3-12.

[13] Dzikus N. The benefit of innovative taxi concepts: the impact of airport size, fleet mix and traffic growth. AIAA, 2013 Aviation Technology, Integration, and Operations Conference, Los Angeles: AIAA, 2013:1-16.

[14] Guo R, Zhang Y, Wang Q. Comparison of emerging ground propulsion systems for electrified aircraft taxi operations. Transportation Research Part C, 2014, 44(4):98-109.

[15] Simaiakis I, Khadilkar H, Balakrishnan H, et al. Demonstration of reduced airport congestion through pushback rate control. Transportation Research Part A, 2011, 66:251-267.

[16] 李可, 李政.考虑飞机排放的滑行路线优化.交通节能与环保, 2009, 3:44-47.

[17] Wan L L, H M H, T Y, et al. Green aircraft taxiing strategy based on multi-scenario joint optimization. Transactions of Nanjing University of Aeronautics & Astronautics, 2016, 33 (2): 215-223.

[18] Kershaw A D, Rhodes D P, Smith N A. The influence of ATC in approach noise abatement. NATS, 3rd USA/Europe Air Traffic Management R&D Seminar, Napoli: NATS, 2000: 1-8.

[19] Senzig D A, Fleming G G, Iovinelli R J. Modeling of terminal-area airplane fuel consumption. Journal of Aircraft, 2009, 46(4): 1089-1093.

[20] Kurniawan J S, Khardi S. Comparison of methodologies estimating emissions of aircraft pollutants, environmental impact assessment around airports. Environmental Impact Assessment Review, 2011, 31(3): 240-252.

[21] Stell L. Prediction of top of descent location for idle-thrust descents. NATS, 9th USA/Europe Air Traffic Management R&D Seminar, Berlin: NATS, 2011: 1-10.

[22] Bronsvoort J, McDonald G, Potts R, et al. Enhanced descent wind forecast for aircraft. NATS, 9th USA/Europe Air Traffic Management R&D Seminar, Berlin: NATS, 2011: 1-10.

[23] Bruno, Rogéria, Emmanuel. Environment improvements with RNP procedures the Santos Dumont Airport Case. Elsevier, 13th WCTR, Rio de Janeiro: Elsevier , 2013: 1-13.

[24] Jin L, Cao Y, Sun D F. Investigation of potential fuel savings due to continuous-descent approach. Journal of Aircraft, 2013, 50(3):807-816.

[25] Terry, Bruno, Charles. Environmental impacts of continuous-descent operations in Paris and New York regions. NATS, 10th USA/Europe Air Traffic Management Research and Development Seminar, Chicago: NATS, 2013:1-11.

[26] Doumont J M, Reynolds T G, Hansman R J. Fuel burn and emissions reduction potential of low power/low drag approaches. AIAA, 11th AIAA Aviation Technology, Integration, and Operations (ATIO) Conference, Virginia Beach: AIAA, 2011: 1-11.

[27] Knorr D, Chen X, Rose M, et al. Estimating ATM efficiency pools in the descent phase of flight. NATS, 9th USA/Europe Air Traffic Management R&D Seminar, Berlin: NATS, 2011:1-9.

[28] Muller D, Uday P, Marais K B. Evaluation of the potential environmental benefits of RNAV/RNP arrival procedures. AIAA, 11th AIAA Aviation Technology, Integration, and Operations (ATIO) Conference, Virginia Beach: AIAA, 2011: 1-18.

[29] Cao Y, Kotegawa T, Post J. Evaluation of continuous descent approach as a standard terminal airspace operation. NATS, 9th USA/Europe Air Traffic Management Research and Development Seminar, Berlin: NATS, 2011: 1-10.

[30] Kim B, Clarke J P. Modeling and optimization of terminal area utilization by assigning arrival and departure fixes. AIAA, AIAA Guidance, Navigation, and Control (GNC) Conference Guidance Navigation and Control Conferences, Boston: AIAA, 2013: 1-14.

[31] Ravizza S, Chen J, Atkin J A D, et al. The trade-off between taxi time and fuel consumption in airport ground movement. Public Transport, 2013, 5(1-2):25-40.

[32] Kim B, Li L H, Clarke J P. Runway assignments that minimize terminal airspace and airport surface emissions. Journal of Guidance Control Dynamics, 2014, 37(3):789-798.

[33] Park S G, Clarke J P. Vertical Trajectory Optimization to Minimize Environmental Impact in the Presence of Wind. Georgia Institute of Technology, 2015:1-22.

[34] Sang G P, Clarke J P. Optimal control based vertical trajectory determination for continuous descent arrival procedures. Journal of Aircraft, 2015, 52(5):1-12.

[35] 周宁.机场噪声预测与控制技术研究. 浙江大学硕士学位论文, 2002.

[36] 马腾飞.机场航空噪声影响评价及计算方法研究.中国民航大学硕士学位论文, 2007.

[37] 夏卿, 左洪福, 杨军利.中国民航机场飞机起飞着陆(LTO)循环排放量估算.环境科学学报, 2008, 28(7):1469-1474.

[38] 杨尚文.机场航空噪声影响评价及控制研究.中国民航大学硕士学位论文, 2008.

[39] 武喜萍.飞行程序噪声评价及减噪措施研究.南京航空航天大学硕士学位论文, 2010.

[40] 魏志强, 王超.航班飞行各阶段污染物排放量估算方法.交通运输工程学报, 2010, 10(6):48-52.

[41] 刘芳.下降阶段的飞机油耗优化建模方法研究.南京航空航天大学硕士学位论文, 2011.

[42] 闫国华, 吴鹏.飞机完整航线二氧化碳排放量估算.装备制造技术, 2013, 8:29-31.

[43] 张召悦, 王超, 孟娜, 等.基于航迹分段的飞行程序噪声评估方法.科学技术与工程, 2014, 14(3):116-120.

[44] 王超, 王飞.离场航迹降噪优化设计的多目标智能方法.西南交通大学学报, 2013, (01):147-153.

[45] 尹建坤, 赵仁兴, 田瑞丽, 等.国外控制机场飞机噪声影响的措施.噪声与振动控制, 2015, 35(2):126-130.

[46] 丁文杉, 蔡良才, 邵斌, 等.机场大气污染研究现状综述.环境工程, 2015, 33(3):69-72.

[47] Chlond A. Large-eddy simulation of contrails. Journal of the Atmospheric Sciences, 1998, 55(5):796-819.

[48] Meerkotter R, Schumann U, Doelling D R, et al. Radiative forcing by contrails. Annales Geophys, 1999, 17:1080-1094.

[49] Mannstein H, Schumann U. Aircraft induced contrail cirrus over Europe. Meteorologische Zeitschrift, 2005, 14(4): 549-554.

[50] Schumann U. Formation properties and climatic effects of contrails. Comptes Rendus Physique, 2005, 6(4-5): 549-565.

[51] Travis D J, Carleton A M, Johnson J S, et al. US jet contrail frequency changes: influences of jet aircraft flight activity and atmospheric conditions. International Journal of Climatology, 2007, 27(5):621-632.

[52] Prats X, Hansen M. Green Delay Programs: absorbing ATFM delay by flying at minimum fuel speed. NATS, 9th USA/Europe air traffic management R&D seminar, Berlin: NATS, 2011:1-8.

[53] Sridhar B, Ng H K, Chen N Y. Integration of linear dynamic emission and climate models with air traffic simulations. AIAA, Guidance, Navigation, and Control Conference, Minneapolis, Minnesota: AIAA, 2012:1-15.

[54] Li J H, Caiazzo F, Barrett S. Evaluation of aircraft contrails using dynamic dispersion model. AIAA, AIAA Guidance, Navigation, and Control (GNC) Conference, Boston: AIAA, 2013:1-10.

[55] Schumann U, Jebberger P, Voigt C. Contrail ice particles in aircraft wakes and their climatic importance. Geophysical Research Letters, 2013, 40(11):2867-2872.

[56] Gao H. Aircraft cruise phase altitude optimization considering contrail avoidance. Massachusetts Institute of Technology: 2013.

[57] Zou B, Buxi G S, Hansen M. Optimal 4-D aircraft trajectories in a contrail-sensitive environment. Networks & Spatial Economics, 2013:1-32.

[58] Williams V, Noland R B, Toumi R. Air transport cruise altitude restrictions to minimize contrail formation. Climate Policy, 2003, 3(3):207-219.

[59] Gierens K, Lim L, Eleftheratos K, et al. A review of various strategies for contrail avoidance.

The Open Atmospheric Science Journal, 2008, 2:1-7.

[60] Campbell S E, Neogi N A, Bragg M B. An operational strategy for persistent contrail mitigation. AIAA, 9th AIAA Aviation technology Intergration and Operations Conference, Hilton: AIAA, 2009:1-14.

[61] Sridhar B, Grabbe S, Mukherjee A. Flight departure delay and rerouting under uncertainty in en route convective weather. AIAA, AIAA Guidance, Navigation, and Control (GNC) Conference, Porland:AIAA, 2011:1-9.

[62] Sridhar B, Chen N Y, Ng H K. Energy efficient contrail mitigation strategies for reducing the environmental impact of aviation. NATS, 10th USA/Europe Air Traffic Management R&D Seminar, Chicago: NATS, 2013:1-10.

[63] Frömming C, Grewe V, Jöckel P, et al. Climate cost functions as a basis for climate optimized flight trajectories. NATS, 10th USA/Europe Air Traffic Management R&D Seminar, Chicago: NATS, 2013:1-10.

[64] Soler M. Contrail sensitive 4D trajectory planning with flight level allocation using multiphase mixed-integer optimal control. AIAA, AIAA Guidance, Navigation, and Control (GNC) Conference, Boston: AIAA, 2013:1-19.

[65] 黄勇, 吴冬莺, 王金涛, 等.中国上空民航飞机 NO_x 排放分布再探.北京航空航天大学学报, 2001, 27(3):289-292.

[66] 马建中.中国地区上空飞机的 NO_x 排放对大气臭氧影响的数值模拟. 中国气象科学研究院年报, 2001 (1) :28.

[67] 戴平, 王峰云.航空活动对全球气候影响研究综述.空中交通管理, 2011, 10:39-41.

[68] 周杨, 范绍佳.飞机起降过程污染物排放对机场周边大气环境影响研究回顾与进展.气象与环境科学, 2013, 36(4):62-67.

[69] 储燕萍.上海浦东国际机场飞机尾气排放对机场附近空气质量的影响. 环境监控与预警, 2013, 5(4):50-52.

[70] O'Kelly M E. Fuel burn and environmental implications of airline hub Networks. Transportation Research Part D, 2012, 17(7):555-567.

[71] Ozkurt N. Current assessment and future projections of noise pollution at Ankara Esenboga Airport, Turkey. Transportation Research Part D, 2014, 32(32):120-128.

[72] 国际民航组织. Doc 10031 号文件：关于拟议的空中交通管理运行变化的环境评估指导. 蒙特利尔:国际民航组织, 2014.

[73] 何吉成.30 年来中国民航运输业的大气污染物排放.环境科学, 2012, 33(1):1-7.

[74] 曹惠玲, 饶德志, 梁大敏.民航机场飞机排放浓度分布模型.中国民航大学学报, 2013, 31(5):27-33.

[75] 陈林.我国航空公司 CO_2 排放强度比较及优化措施.安全与环境学报, 2014, 14(6):113-116.

[76] Chapman L. Transport and climate change: a review. Journal of Transport Geography, 2007, 15(5): 354-367.

[77] 国际民航组织. 国际民用航空公约附件 16: 环境保护. 蒙特利尔:国际民航组织, 2011.

[78] 李龙海, 张积洪.民用航空器机载 APU 污染排放及节能运行研究.环境科学与技术, 2013, 36(10):34-36.

[79] 国家发改委. 发改办气候〔2011〕1041 号. 省级温室气体清单编制指南, 2011.

[80] Steven L, Terrance G, Stephen C. Scheduled civil aircraft emission inventories for 1992: database

development and analysis. virginia: NASA, 1996:C1-D11.

[81] Burkhardt U, Kärcher B, Schumann U. Global modeling of the contrail and contrail cirrus climate impact. Bulletin of the American Meteorological Society, 2010, 91(4): 479-484.

[82] 沈颖.机场周围飞机噪声控制与评价方法. 东南大学博士学位论文, 2000.

[83] 环境保护部科技标准司. GB9661-88, 机场周围区域飞机噪声测量方法. 北京: 中国环境科学出版社, 1988.

[84] 环境保护部科技标准司. GB9660-88, 机场周围飞机噪声环境标准. 北京:中国环境科学出版社, 1988.

[85] 陈长虹，刘梅华，孙志良.任意风向时的线源扩散模式研究.上海环境科学，1992, 11(11):32-34.

[86] 黄金杰，杨桂花，马骏驰.基于高斯的大气污染评价模型.计算机仿真, 2011, 28(2): 101-112.

[87] 刘顺利. 城市道路交通污染扩散模拟与影响要素分析. 中南大学硕士学位论文, 2012.

[88] Das S K, Durbin P A. Prediction of atmospheric dispersion of pollutants in an airport environment. Atmospheric Environment, 2007, 41(6): 1328-1341.

[89] Flesch T K, Wilson J D, Yee E. Backward-time lagrangian stochastic dispersion models and their applications to estimate gaseous emissions. Journal of Applied Meteorology, 1995, 34(6): 1320-1332.

[90] Turner. Workbook of Atmosphere Dispersion Estimates. North carolina: USEPA, 1970.

[91] 谷清，杨新兴.面源模式数值模拟计算分析.安全与环境学报, 2002, 2(2):10-12.

[92] 储燕萍.上海浦东国际机场飞机尾气排放对机场附近空气质量的影响.环境监控与预警, 2013, 5(4): 50-56.

[93] 胡明华.空中交通流量管理理论与方法.北京:科学出版社, 2010:11-80.

[94] 沈清基.城市生态与城市环境.上海:同济大学出版社, 2000:32-35.

[95] 徐肇忠.城市环境规划.武汉:武汉测绘科技大学出版社, 1999:3-12.

[96] 程晶. 城市进化进程中拉美国家城市环保的经验及教训. 世界历史, 2007,6:91-99.

[97] Buchanan C D. Traffic in towns. London: HMSO, 1963.

[98] 申金升, 徐一飞, 雷黎.城市交通可持续发展若干问题的思考.中国软科学, 1997, 7:113-119.

[99] 王乾. 基于交通环境承载力的城市机动车发展规模研究. 北京交通大学硕士学位论文, 2009.

[100] 王征.高速公路大气环境容许交通量研究.长安大学硕士学位论文, 2013.

[101] 徐大海, 赵文德.我国陆地大气污染系数的分布.中国环境科学, 1982, 2(1):1-8.

[102] 徐大海, 俎铁林.我国大气稳定度频率的分布.环境科学学报, 1983, 3(1):52-60.

[103] 中华人民共和国环境保护部. GB3095-2012, 环境空气质量标准. 北京: 中国环境科学出版社, 2012.

[104] FAA, ACRP report64. Handbook of evaluating emissions and costs of APUs and alternative systems. Washington DC: Transportation Research Board, 2012.

[105] Fabrizio. Viability and state of the art of environmentally friendly aircraft taxiing systems. IEEE, Electrical Systems for Aircraft Railway and Ship Propulsion (ESARS), Bologna: IEEE, 2012: 1-6.

[106] ICAO, Doc9889. Airport air quality manual. Montreal: ICAO, 2011.

[107] Srinivas N, Deb K. Multiobjective optimization using nondominated sorting in genetic algorithms. Journal of Evolutionary Computation, 1994, 2(3): 221-248.

[108] Deb K, Pratap A, Agarwal S, et al. A fast and elitist multiobjective genetic algorithm: NSGA-II. IEEE Transactions on Evolutionary Computation, 2002, 6(2): 182-197.

[109] CAEP. Doc 9646- AN/943, issue 20 ICAO emission databank. Montreal: ICAO, 2015.

[110] 夏卿. 飞机发动机排放对机场大气环境影响评估研究. 南京航空航天大学博士学位论文, 2011.

[111] Eurocontol Experimental Center. Model accuracy summary report for the base of aircraft data (BADA) REVISION 3.11. Bretigny: EEC, 2012.

[112] Dubois D, Paynter G C. "Fuel Flow Method2" for Estimating Aircraft Emissions. USA: The Boeing Company, 2006:1-16.

[113] ICAO, Doc9911. Recommended method for computing noise contours around airports. Montreal: ICAO, 2011.

[114] Li J, Caiazzo F, Barrett S. Evaluation of aircraft contrails using dynamic dipersion model. AIAA, AIAA Guidance, Navigation, and Control (GNC) Conference , Boston:AIAA, 2013:1-10.

[115] 田勇, 万莉莉. 飞行性能工程学. 北京:科学出版社, 2015.

[116] Reich P G. Analysis of long-range air traffic systems: separation standards I. Journal of Navigation, 1966, 19(01):88-89.

[117] Reich P G. Analysis of long-range air traffic systems: separation standards II. Journal of Navigation, 1966, 19(02):169-186.

[118] Reich P G. Analysis of long-range air traffic systems: separation standards III. Journal of Navigation, 1966, 19(03):331-347.

[119] ICAO, Doc4444. Air traffic management. Montreal: ICAO, 2007.

[120] Alonso A, Escudero L F, Martin-Campo F J. Collision avoid ancein the air traffic management: a mixed integer linear optimization approach. IEEE Transactionson Intelligent Transportation Systems, 2011, 12: 47-57.

[121] 中国民用航空局. CCAR25, 运输类飞机适航标准. 北京: 中国民用航空规章, 2011.

附录一 APU 燃油消耗率和排放指数

附表 1.1 APU 启动状态

飞机类型	FF/(千克/秒)	EI_{CO_2}/(克/千克)	EI_{HC}/(克/千克)	EI_{CO}/(克/千克)	EI_{NO_x}/(克/千克)
支线	0.012	3.155	1.69	6.26	6.14
窄体	0.021	3.155	6.53	31.75	5.45
宽体	0.035	3.155	0.87	10.26	7.55
超大	0.033	3.155	0.88	9.38	7.41

附表 1.2 正常工作状态

飞机类型	FF/(千克/秒)	EI_{CO_2}/(克/千克)	EI_{HC}/(克/千克)	EI_{CO}/(克/千克)	EI_{NO_x}/(克/千克)
支线	0.019	3.155	0.49	6.47	4.93
窄体	0.033	3.155	0.43	5.72	6.85
宽体	0.052	3.155	0.19	1.14	10.99
超大	0.061	3.155	0.12	0.53	10.30

附表 1.3 主发动机启动状态

飞机类型	FF/(千克/秒)	EI_{CO_2}/(克/千克)	EI_{HC}/(克/千克)	EI_{CO}/(克/千克)	EI_{NO_x}/(克/千克)
支线	0.020	3.155	0.42	6.48	4.91
窄体	0.038	3.155	0.29	4.94	7.64
宽体	0.064	3.155	0.13	0.98	11.53
超大	0.058	3.155	0.12	0.53	11.20

附录二 飞机发动机型号

编号	机型	发动机型号
1	A300	PW4158
2	A310	CF6-80C2A2
3	A319	CFM56-5A5
4	A320	CFM56-5-A1
5	A321	CFM56-5B3/P
6	A330-200/300	Trent 772
7	A340-500/600	Trent 556-61
8	A380	Trent 970
9	737-800/900	CFM56-7B26
10	747-400	CF6-80C2B1
11	757-200	RB211-535E4
12	767-300	PW4060
13	777-200/300	Trent 892
14	CRJ-100ER	CF34-3A1
15	ERJ-145	AE3007A1
16	MD-11	CF6-80C2D1F
17	E90	CF34-10E5

附录三 CF567B 的 NPD 数据

Noise Metric	Op Mode	Power Setting	L_200 英尺	L_400 英尺	L_630 英尺	L_1000 英尺	L_2000 英尺	L_4000 英尺	L_6300 英尺	L_10000 英尺	L_16000 英尺	L_25000 英尺
EPNL	A	3000	98.8	94.2	90.7	86.9	80.7	73.1	67.5	61.2	52	40.6
EPNL	A	4000	99.6	95	91.4	87.6	81.6	74.2	68.7	62.6	53.2	42.4
EPNL	A	5000	100.2	95.6	92.1	88.3	82.3	75.2	69.7	63.8	54.7	44.6
EPNL	A	6000	100.8	96.2	92.6	89	83.1	76.1	70.6	64.9	56.5	47.1
EPNL	A	7000	101.3	96.7	93.1	89.5	83.7	76.9	71.4	65.8	58.5	49.6
EPNL	D	10000	100.3	96	92.6	89.1	83.5	76.8	72	66	60.2	55.7
EPNL	D	13000	103.1	98.9	95.6	92.3	86.8	80.5	75.8	69.9	63.6	58.8
EPNL	D	16000	105.4	101.3	98.2	95	89.7	83.6	79	73.3	67	61.6
EPNL	D	19000	107.5	103.6	100.5	97.4	92.3	86.5	82	76.3	70.5	64.6
EPNL	D	23500	111.8	108	105.2	102.3	97.5	92.2	87.9	82.2	76.5	70.3
LAmax	A	3000	93	85.9	81.1	76.1	68	59.2	52.5	45.6	37.5	29.3
LAmax	A	4000	93.6	86.5	81.7	76.6	68.7	59.9	53.4	46.6	37.8	29.7
LAmax	A	5000	94.1	87	82.2	77.2	69.2	60.5	54.1	47.4	39	31.1
LAmax	A	6000	94.6	87.5	82.7	77.6	69.7	61.1	54.7	48.1	40.4	32.9
LAmax	A	7000	95	87.9	83	78	70.1	61.5	55.2	48.7	41.8	34.5
LAmax	D	10000	95.2	87.9	83.6	78.8	71.3	63	57.3	50.4	44.2	36.9
LAmax	D	13000	98.1	91	86.7	82	74.5	66.3	60.7	53.9	46.9	39.6

续表

Noise Metric	Op Mode	Power Setting	L_200英尺	L_400英尺	L_630英尺	L_1000英尺	L_2000英尺	L_4000英尺	L_6300英尺	L_10000英尺	L_16000英尺	L_25000英尺
LAmax	D	16000	100.5	93.7	89.3	84.6	77.3	69.2	63.5	56.8	49.4	42.1
LAmax	D	19000	102.7	96	91.7	87.1	79.7	71.7	66.1	59.5	52.2	44.9
LAmax	D	23500	107.2	100.9	96.5	91.9	84.7	76.8	71.4	64.6	57.7	50.4
PNLTM	A	3000	105.8	98.5	93.2	87.5	78.4	68.7	61.4	53.6	43.9	31.9
PNLTM	A	4000	106.6	99.3	94	88.3	79.3	69.6	62.4	54.7	44.6	33.7
PNLTM	A	5000	107.4	99.9	94.7	89	80	70.4	63.3	55.7	46.1	35.6
PNLTM	A	6000	108	100.6	95.3	89.6	80.7	71.2	64.1	56.6	48	37.7
PNLTM	A	7000	108.6	101.1	95.9	90.2	81.3	71.8	64.7	57.4	50	40
PNLTM	D	10000	108.1	101.1	96.4	91.1	82.8	73.6	67.1	59.5	53	43.9
PNLTM	D	13000	111	104.1	99.4	94.3	86.2	77.1	70.8	63.4	56.9	48
PNLTM	D	16000	113.5	106.6	102	97	89	80.1	74	66.7	60.2	51.2
PNLTM	D	19000	115.7	108.9	104.3	99.4	91.6	82.9	76.9	69.7	63.2	54.2
PNLTM	D	23500	120.2	113.5	109	104.3	96.9	88.5	82.8	75.4	68.9	60.2
SEL	A	3000	95.5	91.3	88.2	84.9	79.5	73.3	68.3	63.2	55.9	49.6
SEL	A	4000	96.2	91.9	88.8	85.6	80.2	74.1	69.4	64.3	56.8	50.7
SEL	A	5000	96.7	92.5	89.4	86.1	80.8	74.8	70.1	65.2	58	52.4
SEL	A	6000	97.2	93	89.9	86.7	81.4	75.5	70.9	66	59.4	54.3
SEL	A	7000	97.7	93.4	90.4	87.1	81.9	76	71.5	66.7	60.8	55.6
SEL	D	10000	96.3	92.1	89.4	86.3	81.4	75.9	72	67	61.3	51.9
SEL	D	13000	99.2	95.2	92.4	89.4	84.7	79.3	75.4	70.5	64.5	56.1
SEL	D	16000	101.7	97.6	95	92.1	87.4	82.1	78.3	73.5	67.3	60
SEL	D	19000	103.9	99.9	97.3	94.5	89.9	84.7	81	76.2	70.3	63.7
SEL	D	23500	108.4	104.5	102	99.3	95	89.9	86.4	81.5	75.5	69.5

附录四 环境标准

《环境空气质量标准》GB 3095—2012
(2016年1月1日开始实施)

序号	污染物项目	平均时间	浓度限值		单位
			一级	二级	
1	SO_2	年平均	20	60	
		24 小时平均	50	150	
		1 小时平均	150	500	微米/米^3
2	NO_2	年平均	40	40	
		24 小时平均	80	80	
		1 小时平均	200	200	
3	CO	24 小时平均	4	4	毫米/米^3
		1 小时平均	10	10	
4	O_3	日最大 8 小时平均	100	100	
		1 小时平均	160	200	
5	颗粒物(粒径小于等于 10 微米)	年平均	40	70	
		24 小时平均	50	150	
6	颗粒物(粒径小于等于 2.5 微米)	年平均	15	35	
		24 小时平均	35	75	
7	总悬浮颗粒物(TSP)	年平均	80	120	
		24 小时平均	120	300	微米/米^3
8	NO_x	年平均	50	50	
		24 小时平均	100	100	
		1 小时平均	250	250	
9	Pb	年平均	0.5	0.5	
		季平均	1	1	
10	BaP	年平均	0.001	0.001	
		24 小时平均	0.0025	0.0025	

彩　　图

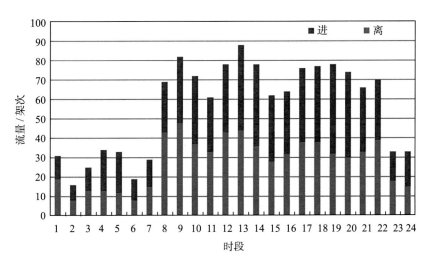

图 3.5　2015 年 8 月 21 日浦东国际机场全天流量分布

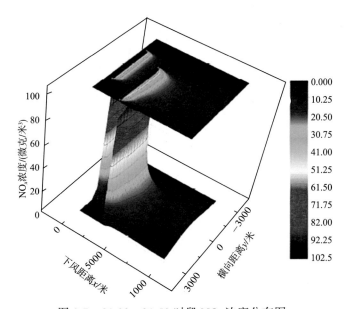

图 3.7　21:00～21:59 时段 NO_x 浓度分布图

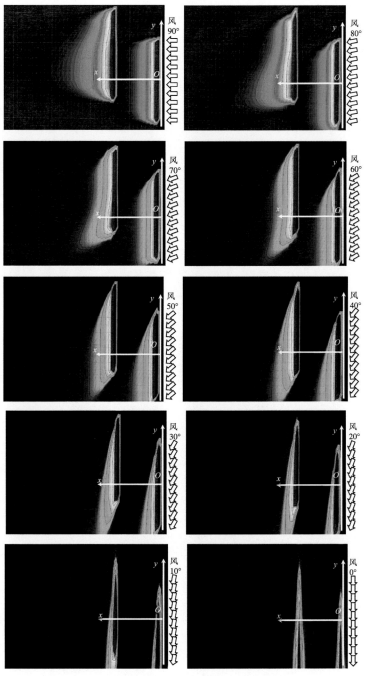

图 3.9　不同风向下的 NO_x 浓度分布(21:00～21:59)

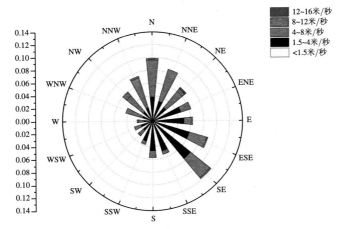

图 3.16　2014 年 8 月 22 日～2015 年 8 月 21 日玫瑰风向图(ZSPD)

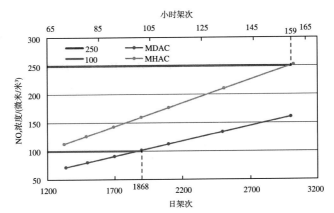

图 3.18　NO$_x$ 的 MHAC 和 MDAC 与架次的关系曲线

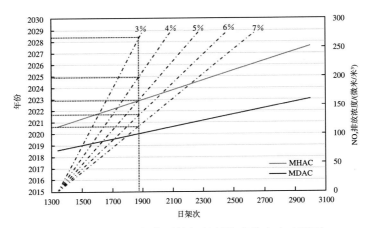

图 3.19　不同增长率下的机场环境容许空中交通量

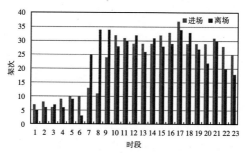

图 4.10　上海浦东国际机场 2013 年 7 月 25 日流量分布

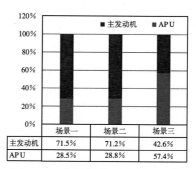

	场景一	场景二	场景三
主发动机	71.5%	71.2%	42.6%
APU	28.5%	28.8%	57.4%

图 4.18　多场景燃油消耗量比例

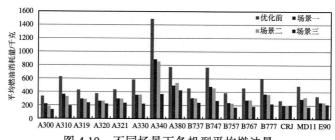

图 4.19　不同场景下各机型平均燃油量

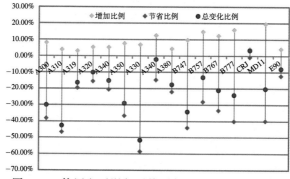

图 4.20　使用电子滑行系统时航空器燃油消耗变化

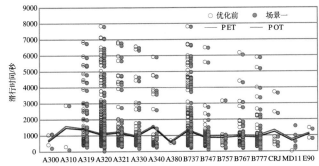

图 4.21　场景一优化前后滑行时间对比

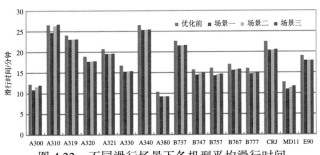

图 4.22　不同滑行场景下各机型平均滑行时间

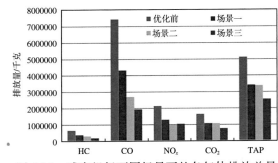

图 4.24　浦东机场不同场景下的各气体排放总量

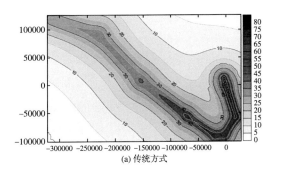

(a) 传统方式

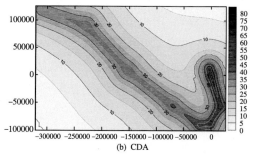

(b) CDA

图 5.11　SASAN-11A 噪声等值线

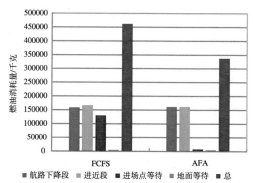

图 5.15　不同策略下的总燃油消耗量对比

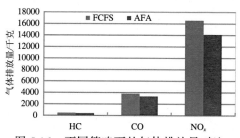

图 5.16　不同策略下的气体排放量对比

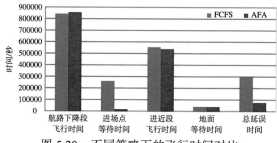

图 5.20　不同策略下的飞行时间对比

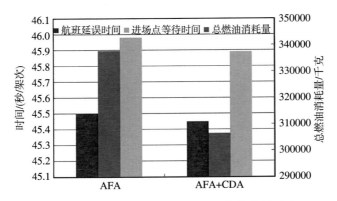

图 5.23　CDA 与传统方式进场的优化结果对比

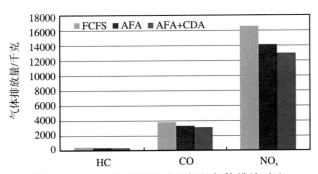

图 5.24　CDA 与传统方式进场的气体排放对比

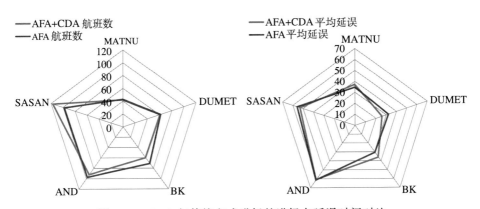

图 5.25　CDA 与传统方式进场的进场点延误时间对比

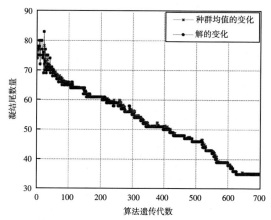

图 6.17　种群进化过程中凝结尾数量变化趋势

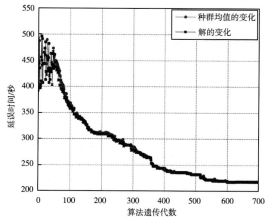

图 6.18　种群进化过程中延误时间变化趋势

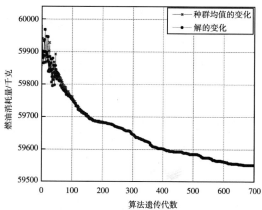

图 6.19　种群进化过程中燃油消耗量变化趋势